U0283188

全国建设工程质量检测鉴定岗位人员培训教材

钢结构检测

中国土木工程学会工程质量分会
检测鉴定专业委员会 组织编写

卜良桃　王宏明　贺　亮　主编
崔士起　主审

中国建筑工业出版社

图书在版编目(CIP)数据

钢结构检测/卜良桃等主编. —北京：中国建筑工业出
版社，2017.8（2025.3重印）
全国建设工程质量检测鉴定岗位人员培训教材
ISBN 978-7-112-21131-9

Ⅰ.①钢… Ⅱ.①卜… Ⅲ.①钢结构-检测-岗位培训-
教材 Ⅳ.①TU391

中国版本图书馆 CIP 数据核字(2017)第 207204 号

本书对建筑工程钢结构检测鉴定的基本理论和方法进行了论述，本书以《钢
结构现场检测技术标准》GB/T 50621 的内容为主，组合《钢结构设计规范》GB
50017、《钢结构施工规范》GB 50755、《钢结构施工质量验收规范》GB 50205 的
内容结合实例进行编写。

本书依据现行检测鉴定规范编制而成。内容全面、详实，理论性、实践性强，
本书作为从事土木工程结构检测、鉴定工程技术人员的培训教材或参考书。

责任编辑：王华月　范业庶
责任设计：谷有樱
责任校对：焦　乐　关　健

全国建设工程质量检测鉴定岗位人员培训教材
钢结构检测
中国土木工程学会工程质量分会
检测鉴定专业委员会　　组织编写
卜良桃　王宏明　贺　亮　主编
崔士起　主审

*

中国建筑工业出版社出版、发行（北京海淀三里河路 9 号）
各地新华书店、建筑书店经销
北京科地亚盟排版公司制版
建工社（河北）印刷有限公司印刷

*

开本：787×1092毫米　1/16　印张：11　字数：270千字
2017 年 9 月第一版　　2025 年 3 月第七次印刷
定价：**32.00** 元
ISBN 978-7-112-21131-9
(30769)

版权所有　翻印必究
如有印装质量问题，可寄本社退换
（邮政编码 100037）

前　言

自改革开放以来，由于社会经济的发展和人民生活的提高，我国建筑业发展十分迅速。目前建筑业进入了空前繁荣时期，人们对建筑的数量、质量和使用功能等提出了越来越多的新要求：一方面各种新型材料以及新工艺不断涌现；另一方面，在不断进行新建、不断发展新技术的同时，建筑业正面临着如何对已有的建筑结构进行维护和改造加固的问题。以下因素是工程结构需要鉴定加固的原因：自然灾害；房屋使用功能改变；设计施工和管理的失误；环境侵蚀和损伤积累；老房屋达到设计基准期。不论是对新建筑物工程事故的处理，还是对已用建筑物是否危房的判断，不论是为抗御灾害所需进行的加固，还是为灾后所需进行的修复，不论是为适应新的使用要求而对建筑物实施的改造，还是对建筑进入中老年期进行正常诊断处理，都需要对建筑物进行检测和鉴定，以期对结构可靠性作出科学的评估，都需要对建筑物实施准确的管理维护和改造、加固，以保证建筑物的安全和正常使用。

本书对建筑工程钢结构检测鉴定的基本理论和方法进行了论述，本书按《钢结构现场检测技术标准》GB/T 50621 的内容为主，组合《钢结构设计规范》GB 50017、《钢结构施工规范》GB 50755、《钢结构施工质量验收规范》GB 50205 的内容结合实例进行编写。

本书具有以下特点：

（1）紧密结合当前的科研成果及最新的相关规范和技术标准；

（2）收集整理了国内外典型的工程检测鉴定实例；

（3）包含了编者多年的工程结构检测鉴定与加同工程的实践经验总结；

（4）兼具理论性和实用性，本书作为从事土木工程结构检测、鉴定工程技术人员的培训教材。

本书由卜良桃、王宏明、贺亮主编，参编人员：侯琦，刘尚凯，周云鹏，于丽，滕道远，姚江，刘婵娟，吴康权，赵军，罗恺彦。湖南宏力土木工程检测有限公司提供了工程实例，在此表示感谢，本书也引用了部分书籍、杂志上的相关文献，在此谨表衷心感谢。

由于编者水平有限，书中不妥与疏忽之处，敬请读者批评指正。

目 录

第1章　绪论

1.1　钢结构的定义

　　建筑是人们为了满足生产、生活或其他需要而创造的物质的、有组织的空间环境，分为建筑物和构筑物两大类。随着社会的发展、科学技术的进步和人们需求的不断变化，当今的建筑已是一个非常复杂而庞大的组合体系，不但与多门学科和知识相关，同时还受到政治、经济、文化、宗教等的深刻影响。因此，在预期寿命内建筑是否安全可靠、能否正常使用，是设计者、制作者和使用者最关心的问题。

　　无论是建筑物还是构筑物，都必须有赖以支撑的承重骨架，称为结构体系。当结构体系的主要材料采用钢材时，如房屋（图1-1）、桥梁（图1-2）等，该种结构就称为钢结构。除了钢结构之外，还有木结构、砌体结构、混凝土结构以及组（混）合结构等多种。建筑是否安全可靠，在很大程度上取决于其结构体系，具体来说，就是取决于结构体系的设计方法、试验方法、检测鉴定方法，这些方法不但与结构类型、结构材料有关，还受到结构的自然老化、损伤、各种灾害和结构所处环境、使用条件等因素的影响。

图1-1　央视新台址

图1-2　九江长江大桥

央视新台址建设工程位于北京朝阳区东三环中路、北京商务中心区的核心地段，占地面积 18.7 万 m²，总建筑面积 55 万 m²，230m。央视新台址建设工程总投资约 50 亿元人民币，2003 年 10 月开工建设，2008 正式试运行。

九江长江大桥为公、铁路两用桥，铁路桥全长 7675m，公路桥全长 4460m，正桥 11 孔，全长 1806m，主跨 216m，采用连续钢桁梁结构。

1.2   钢结构的特点

建筑结构是否安全可靠，不但涉及生命和财产的安全，还会造成一定的社会影响。因此，我们首先要对建筑结构的特点有一个全面的了解。由于钢结构主要是由钢板、热轧型钢或冷弯薄壁型钢，通过各种连接、制造、组装而成，与其他材料的建筑结构相比，具有不同特点。

（1）强度高、质量轻。

（2）材质均匀，符合力学假定，安全可靠度高。

由于钢材组织均匀，接近各向同性，而且在一定的应力幅度内几乎是完全弹性的，弹性模量大，有良好的塑性和韧性，为理想的弹性—塑性体。钢结构的实际工作性能比较符合目前采用的理论计算模型，因此可靠性高。

（3）材料的塑性、韧性好、抗震性能优越。

钢材塑性好，可以使钢结构不会因偶然超载或局部超载而突然断裂破坏；钢材韧性好，有利于钢结构适应振动荷载（钢材良好的吸能能力和延性），地震区房屋采用钢结构比其他材料的工程结构更耐震。钢结构一般是地震中损坏最少的结构。

（4）制造简单，工业化程度高，施工周期短。

（5）密封性能好，构件截面小，有效空间大。

（6）可重复使用、回收利用率高。

（7）耐热性较好，耐火性差。

钢材随着温度的升高，性能逐渐发生变化。温度在 250℃ 以内时，钢材的力学性能变化很小，达到 250℃ 时钢材有脆性转向（称为蓝脆），在 260～320℃ 之间有徐变现象，随后强度逐渐下降，在 450～540℃ 之间时强度急剧下降，达到 650℃ 时，强度几乎降为零。因此，钢结构具有一定的耐热性，但耐火性差。

（8）结构构件刚度小，稳定问题突出。

由于钢材轻质高强，构件不但截面尺寸小，而且都是由型钢或钢板组成开口或闭口截面。在相同边界条件和荷载条件下，与传统混凝土构件相比，钢构件的长细比大，抗侧刚度、抗扭刚度都比混凝土构件小，容易丧失整体稳定；板件的宽厚比大，容易丧失局部稳定；大跨度空间钢结构的整体稳定问题也比较突出，这些都是钢结构设计中最容易出现问题的环节。古今中外因丧失稳定而引起的工程事故不胜枚举，构件刚度小，变形就大，在动力荷载作用下也容易振动。

（9）耐腐蚀性差，后期维护费用。

钢材易于锈蚀，处于潮湿或有侵蚀性介质的环境中更容易因化学反应或电化学作用而锈蚀，因此，钢结构必须进行防腐处理。一般钢构件在除锈后涂刷防腐涂料即可，但这种防护措施并非一劳永逸，需相隔一段时间重新维修，因而其维护费用较高。

对于有强烈侵蚀性介质、沿海建筑以及构件壁厚非常薄的钢构件，应进行特别处理，如镀锌、镀铝锌复合层等，这些措施都会相应提高钢结构的工程造价。目前国内外正发展不易锈蚀的耐候钢，此外，长效油漆的研究也取得进展，使用这种防护措施可延长钢结构寿命，节省维护费用。

（10）低温冷脆倾向。

钢材在负温环境中，塑性、韧性逐渐降低，达到某一温度时韧性会突然急剧下降，称为低温冷脆，对应温度称为临界脆性温度。低温冷脆也是国内外一些钢结构工程在冬季发生事故的主要原因之一。另外，钢材在反复荷载、复杂应力、突然加载、冷作及时效硬化、焊接缺陷等条件下也容易脆断。

1.2.1 钢结构的优点

钢结构的优点：

（1）钢结构的抗拉、抗压、抗剪强度相对来说较高，钢结构构件结构断面小、自重轻。

（2）钢结构结构有比较好的延性，抗震性能好。

（3）钢结占有面积（或称为结构平面密度）小，实际上是增加了使用面积。

（4）钢结构制作简便，易于施工加固、改建和拆迁，是环保型建筑，可以重复利用。

（5）钢结构的材质均匀性好，可靠性高。

国内外已建著名钢结构建筑实例见表1-1。

国内外已建著名钢结构建筑实例   表1-1

类别	工程名称	规模	结构体系	建造年代
超高层建筑	美国芝加哥希尔斯大厦	高442m	钢结构	1974
	中国上海金贸大厦	高420.6m	钢结构	1998
	美国纽约世界贸易中心	高417m	钢结构	1973
	中国深圳地王大厦	高384m	钢结构	1996
	美国纽约帝国大厦	高381m	钢结构	1931
大跨度建筑	英国伦敦千年穹顶	直径320m	张拉膜结构	1999
	美国新奥尔良超级穹顶	直径207m	双层网壳	20世纪70年代
	美国亚特兰大体育馆	186m×235m	张拉结构	1996
	日本福冈体育馆	直径222m	开合钢结构	1993
	中国国家大剧院	长轴212m	钢结构	2004年主体封顶
桥梁塔桅	日本明石海峡大桥	主跨度1991m	悬索桥	1998
	中国江阴长江大桥	主跨1385m	悬索桥	2002
	法国巴黎埃菲尔铁塔	高320.7m	钢结构	1889
	中国上海东方明珠电视塔	高468m	混合结构	1994

1.2.2 钢结构的缺点

1. 耐锈蚀性差

钢材易于锈蚀，处于潮湿或有侵蚀性介质的环境中更容易因化学反应或电化学作用而锈蚀，因此，钢结构必须进行防腐处理。一般钢构件在除锈后涂刷防腐涂料即可，但这种防护措施并非一劳永逸，需相隔一段时间重新维修，因而其维护费用较高。

对于有强烈侵蚀性介质、沿海建筑以及构件壁厚非常薄的钢构件，应进行特别处理，如镀锌、镀铝锌复合层等，这些措施都会相应提高钢结构的工程造价。目前国内外正发展不易锈蚀的耐候钢，此外，长效油漆的研究也取得进展，使用这种防护措施可延长钢结构寿命，节省维护费用。

2. 钢材耐热性能好、耐火性差

《钢结构设计规范》GB 50017 明确规定，当钢结构表面长期受到热辐射温度在 150℃以上或在短时间内可能受到火焰作用时，应采取有效的防护措施（如加隔热层等）；有特殊防火要求的建筑，钢结构更需要用耐火材料围护。对于钢结构住宅或高层建筑钢结构，应根据建筑物的重要性等级和防火规范加以特别处理。例如，采用蛭石板、蛭石喷涂层、石膏板等加以防护。防火处理使钢结构的造价有所提高。

3. 结构构件刚度小，稳定问题突出

由于钢材轻质高强，构架不但截面尺寸小，而且都是由型钢或钢板组成开口或闭口截面。在相同边界条件和荷载条件下，与传统混凝土构件相比，钢构件的长细比大，抗侧刚度、抗扭刚度都比混凝土构件小，容易丧失整体稳定；板件的宽厚比大，容易丧失局部稳定；大跨度空间钢结构的整体稳定问题也比较突出，这些都是钢结构设计中最容易出现问题的环节。古今中外因丧失稳定而引起的工程事故不胜枚举。另外，构件刚度小，变形就大，在动力荷载作用下也容易振动。

1.2.3　因钢结构的自身因素，造成国内外钢结构事故典例

国内外钢结构事故典例见表 1-2。

国内外钢结构事故典例　　　　　　　　　　　　　　　　　表 1-2

类别	工程名称	事故简述
大跨度建筑	美国哈特福特体育馆	网架屋盖结构，91.4m×109.8m。1978 年 1 月在雪荷载作用下倒塌，主要原因是超载导致压杆失稳
	中国深圳国际展览中心	网架结构，7200m²。1992 年 9 月 4 号展厅倒塌，主要原因是暴雨造成屋面积水过多，荷载加大
	中国西丰县鹿城市场	压型钢板拱形结构，1.42 万 m²。2001 年 1 月塌落，主要原因是半跨雪荷载引起局部失稳
	中国上海某研究所礼堂	悬索结构，直径 17.5m，使用 20 年后整体塌落，主要原因是钢索锈蚀
桥梁	加拿大魁北克大桥	1907 年加拿大魁北克大桥在施工中倒塌，75 人遇难，主要原因是悬臂的受压下弦失稳
	德国柏林某公路桥	1938 年 1 月，柏林附近一座公路桥在低温下断裂，主要原因是残余应力过大，导致低温冷脆
	美国塔科马悬索桥	悬索结构，跨度 853m。1940 年 11 月在风速不到 20m/s 的情况下，因发生很大扭转振动而倒塌

1.3　钢结构的分类与应用

1.3.1　按应用领域分类

1. 民用建筑钢结构

民用建筑钢结构以房屋钢结构为主要对象。按传统的耗钢量的大小来区分，大致可以

分为普通钢结构、轻型钢结构、重型钢结构。其中重型钢结构是指采用大截面和厚板的结构，如高层钢结构、重型厂房、某些公共建筑等；轻型钢结构是指采用轻型屋面和墙面的门式刚架房屋、网架、网壳等。代表工程详见图1-3～图1-5。

图1-3　梅溪湖国际文化艺术中心

（1）长沙梅溪湖国际文化艺术中心由大剧场、小剧场和艺术馆三部分组成。大剧场两个主轴方向的跨度分别为223m和166m，高52.5m。艺术馆两个方向的最大跨度分别为176m和90m，高41.4m。属大跨超限结构。

图1-4　国家大剧院

（2）国家大剧院总建筑面积近15万m²，工程外部围护结构为钢结构网壳，整体结构用钢量达6750t，195kg/m。

（3）香港大球场为桁架结构，纵向跨度为240m，顶部高55m，拱形骨架有12°的倾角，其截面为3.5m²。

2. 一般工业钢结构

一般工业钢结构主要包括单层厂房（图1-6）、双层厂房、多层厂房等，用于重型车间的承重骨架，以及其他工业跨度较次的车间屋架、吊车梁等。

图1-5　香港大球场

图 1-6　某单层工业厂房

3. 桥梁钢结构

钢桥建造简便、快捷、易于修复，因此钢结构广泛应用与中等跨度和大跨度桥梁，著名的杭州钱塘江大桥是我国自行设计、制作、安装的钢桥。

图 1-7　明石海峡大桥

明石海峡大桥（图 1-7）——日本神户市与淡路岛之间跨越明石海峡的一座特大跨径的悬索桥大桥主桥全长 3910m，主跨 1990m，是目前世界上主跨最长的悬索桥，钢桥塔高 297m，也是世界上最高的桥塔。

4. 塔桅钢结构

塔桅钢结构是指高度较大的无线电桅杆、微波塔、广播和电视发射塔、高压输电线路塔架、火箭发射塔、大气监测塔等。这些结构除了自重轻、便于组装外，还因构件截面积小而大大减小了风荷载，因此取得了很好的经济效益。

东方明珠广播电视塔（图 1-8）以其 468m 的高度成亚洲第一高塔。东方明珠塔由三根直径为 9m 的擎天立柱、太空舱、上球体、下球体、五个小球、塔座和广场组成。

5. 密闭压力容器钢结构

密闭压力容器钢结构主要用于要求密闭的容器，如大型储油库（图 1-9）、煤气库等炉体，要求能承受很大的内力，另外温度急剧变化的高炉结构、大直径高压输油和输气管道等均采用钢结构。

图 1-8　东方明珠塔

图 1-9　巴陵石化储油罐

6. 船舶海洋钢结构

船舶海洋钢结构基本上可分为舰船和海洋工程装置两大类。

7. 水利钢结构

我国近年大力发展水利建设，钢结构在其中得到了广泛应用，如钢制闸门、拦污栅、升船机、输水压力管道等。

某水利工程钢结构渡槽见图 1-10。

8. 其他结构（地下钢结构、货架、脚手架）

图 1-10　某水利工程钢结构渡槽

1.3.2　按结构体系工作特点分类

（1）梁状结构。梁状结构是指由的梁组成的结构。

（2）刚架结构。刚架结构是指由受压、弯曲工作的梁和柱组成的框架结构。

（3）拱架结构。拱架结构是指由单向弯曲形构件组成的平面结构。

（4）桁架结构。桁架结构是指由受拉或受压的杆件组成的结构。

（5）网架结构。网架结构是指由受拉或受压的杆件组成的空间平板形网格结构。

（6）网壳结构。网壳结构是指由受拉或受压的杆件组成的空间曲面形网格结构。

（7）预应力结构。预应力结构是指由张力索（或链杆）和受压杆件组成的结构。

（8）悬索结构。悬索结构是指由张拉索为主组成的结构。

（9）复合结构。复合结构是指由以上 8 种类型中的两种或以上的结构构件组成的新型结构。

1.4　钢结构的发展

1.4.1　中国钢结构的发展

1. 古代

（1）在河南辉县等地出土的大批战国时代（公元前 475 年～公元前 221 年）的铁制生

产工具，说明早在战国时期，我国的炼铁技术已经很盛行了。

（2）公元前200多年，秦始皇时代用铁建造了桥墩。

（3）公元1465年（汉明帝时代），已成功地用锻铁为环，相扣建成了世界上最早的铁链悬桥——兰津桥。

（4）清康熙四十四年建成的四川泸定大渡河桥，桥宽2.8m，跨长100m，由9根桥面铁链和4根桥栏铁链构成，两端系于直径20cm、长4m的生铁铸成的锚桩上。该桥比美洲1801年才建造的跨长23m的铁索桥早了近百年，比号称世界最早的英格兰跨长30m铸铁拱桥也早74年。

2. 18世纪欧洲工业革命后

（1）钢结构在欧洲各国的应用逐渐增多，而我国钢结构的发展非常缓慢。

（2）1927年建成的沈阳皇姑屯机车厂钢结构厂房。

（3）1931年建成的广州中心纪念堂圆屋顶。

（4）1937年建成的杭州钱塘江大桥等。

3. 新中国成立后

（1）新中国成立后，随着经济建设的发展，钢结构曾起过重要作用，如第一个五年计划期间，建设了一大批钢结构厂房、桥梁。但由于受到钢产量的制约，在其后很长一段时间内，钢结构被限制使用。

（2）受到钢产量的制约，钢结构仅在重型厂房、大跨度公共建筑、铁路桥梁以及塔桅结构中采用。1962年建成的北京工人体育馆采用圆形双层辐射式悬索结构，直径为94m。1975年建成的上海体育馆，采用三向网架，跨度达110m。

（3）用在其他结构不能替代的重大工程项目中，在一定程度上，影响了钢结构的发展。

4. 改革开放以来

（1）1978年我国实行改革开放政策以来，经济获得了飞速的发展，钢产量逐年增加。

（2）1996年我国的钢产量超过一亿吨，一直位于世界钢产量的首位。

（3）2003年达到创纪录的2.2亿t。

（4）钢结构政策从限制使用改为积极合理的推广应用。

1.4.2 全球钢结构发作史

1678年英国物理学家虎克首次公布了他发现的材料变形与受力大小的比例关系，即虎克定律。

1744年瑞士数学家欧拉（Euler），在他出版的《曲线的变分法》一书中首次建立了柱的压屈理论，得到计算柱的临界受压力的公式，沿用至今。

1779年英国人约翰·威金森协助达尔比和建筑师普里查德，在英格兰塞文河上建造了世界第一座生铁拱桥，桥长30m，高12m，至今仍在使用，始建于1775（或1777）年。

1786年法国建筑师维托·路易设计建造的巴黎法兰西剧院，首次以铁结构为屋顶，此后这种铁结构件在工业建筑中逐步推广。

1801年英国曼彻斯特索尔福德棉纺织厂的7层生产车间，是生铁梁柱和承重墙的混合结构，其铁构件首次采用了工字型的断面。

1820年美国费城建造第一栋铸铁建筑。

1828年维也纳建造第一座钢桥。

1829 年法国巴黎老王宫奥尔良走廊首次采用铁构件与玻璃结合的透光顶棚。

1847 年美国的惠甫尔首次提出桁架的计算理论。

1851 年，伦敦园艺师帕克斯顿设计的"水晶宫"展览馆，为玻璃铁架结构，建筑总面积 74000m²，不到 9 个月便完成施工，完全表现了工业生产的机械水平，开辟了建筑形式与预制装配技术的新纪元。

1854 年美国纽约哈珀大厦印刷厂用生铁框架替代承重墙，这是早期完全生铁框架的建筑。

1856 年由英国人贝赛麦发明的"贝赛麦转炉炼钢法"，第一次解决了由铁水直接冶炼钢水的难题，使得钢材得以大量生产，并越来越广泛应用于土木结构工程。

1868 年法国人莫尼埃用钢丝加固混凝土制成花盆，并把这种方法推广到工程，建造了一座蓄水池，这是应用钢筋混凝土的开端。1875 年，他主持建造了第一座长 16m 的钢筋混凝土桥。

1874 年第一座大跨钢桁桥 Eads Bridge 在圣路易（St. Louis）建成。

1881 年电弧焊工艺问世。

1883 年美国工程师罗布林及其儿子设计建造的布鲁克林（Brooklyn）吊桥完工，这是世界第一座钢索吊桥，跨度 1600m，位于纽约曼哈顿岛与布鲁克林区之间，桥始建于 1869 年。

1883 年詹尼、威廉·勒巴隆在芝加哥建造的 10 层保险公司大楼，是世界上最先用铁框架（部分钢梁）承受全部大楼里的重力、外墙仅为自承重墙的高层建筑。

1889 年，法国工程师埃菲尔，在世博会之际建成"埃菲尔铁塔"和"机械馆"。"埃菲尔铁塔"为高架钢铁结构，塔高 328m，使用钢约 8000t，是为纪念法国资产阶级大革命 100 年而建，它是近代高层建筑钢结构的萌芽。"机械馆"是前所未有的大跨度结构，刷新了世界建筑的新纪录，长 420m，跨度达 115m，结构方法首次运用了三铰拱的原理。1910 年"机械馆"被拆除。

1889 年芝加哥的 The Rand Mcnally Building 建成，成为第一栋全钢结构的大厦，10 层。

1890 年苏格兰铁路福斯桥（Firth of Forth Bridge）完工，它的悬臂与"埃菲尔铁塔"的脊线很相似，全桥用钢 55000t。

1907 年美国伯力恒钢厂（Bethlehem Steel），1908 年伯力恒（Bet Klehem Steel）开始生产热轧型钢。泰勒博士著名的"科学管理原则"，就是在伯力恒钢厂完成。

1908 年建造的上海 6 层电话公司，是近代中国第一座钢筋混凝土框架结构的建筑。

1909 年，德意志制造联盟的彼得贝伦斯设计了"柏林通用电气公司透平机车间"，以钢结构为骨架与大玻璃窗为特点，被称为是第一座真正的现代建筑。彼得贝伦斯是德国现代著名建筑师，工业产品设计的先驱。德意志制造联盟成立于 1907 年，由企业家、工程技术人员、艺术家组成，目的在于促进德国建筑领域的创新活动向与工业结合的方向发展。

1909 年美国马萨诸塞州采用热轧型钢用于建筑结构。

1913 年波兰布雷斯劳建成钢筋混凝土肋穹顶的百年大厅，直径 65m。

1913 年建造的上海杨树浦电厂 1 号锅炉间，这是近代中国最早钢框架结构的多层厂房。

1914 年匈牙利人 Kazinczy 证实梁具有塑性铰机极限行为。

1916 年建造的上海天祥洋行，是近代中国民用建筑采用钢框架结构的最早建筑之一。

1921 年美国钢结构学会 AISC 成立，1923 年 AISC 年发行第一版钢结构设计规范

AISC-ASD（容许应力法）。

1923 年 AISC 年发行第一版钢结构设计规范 AISC-ASD（容许应力法）。

1925 年德国耶拿天文台及莱比锡、巴塞尔等地出现了钢筋混凝土的圆壳屋顶建筑。

1926 年建造的上海沙逊大厦（13 层），是钢框架结构在中国高层建筑中成为主要结构方式的开始。

1927 年美国出现全部焊接的钢结构房屋。

1930 年耐候钢问世。1934 年美国首先用于铁路车辆制造，后为各国引用。

1931 年纽约帝国大厦完工，102 层，高 381m，结构用钢 5.8 万 t，由著名的建筑师威廉·拉姆设计，工期仅 410 天，是建筑史上的奇迹。

1933 年美国芝加哥博览会建成采用圆形悬索屋盖的机车展览馆。

1940 年 Lehigh University 开始研究结构及构件的极限强度。

1944 年柱研究学会（Column Research Council，CRC）成立（后改名稳定学会）。

1947 年高强度螺栓规范出版。

1950 年中国东北制定钢结构设计内部规定。

1953 年世界第一个悬索屋面，美国罗利牲畜展览馆建成，这是现代悬索结构的开始。

1954 年中国颁布第一本《钢结构设计规范》（试行草案规结 4-54）容许应力设计法。

1955 年苏联颁布 121-55 规范。日本中之岛制钢所开始生产轻量型钢。

1957 年苏联混凝土结构专家格沃捷夫提出了混凝土塑性性能的破坏阶段设计法，奠定了现代钢筋混凝土结构的基本计算理论。后塑性设计法得到推广应用。

1959 年巴黎建成世界上最大的薄壳屋顶建筑——国家技术中心陈列大厅，双层薄壳总厚度仅 12mm，边跨度 218m，高出地面 48m，建筑使用面积 90000m²。

1960 年日本积水（SEKISUI HOUSE）公司推出 A 型钢结构住宅。

1961 年建成北京工人体育馆，采用跨度 94m 的轮筒式悬索结构，此为中国现代悬索结构建筑的开始。

1962 年日本大和公司推出 A 型钢结构住宅。

1965 年日本松下住宅推出 R2N 型钢结构住宅。

1968 年为迎接第一届新兴力量运动会而建的首都体育馆，第一次采用平板型双向空间网架，跨度为 112.2m×99m，从此网架技术在国内推广。

1973 年纽约世界贸易大厦建成，主楼为两座并立的 110 层塔式建筑，高 411m，钢结构框架，用钢 19.2 万 t，设计师雅马萨奇。

1974 年芝加哥西尔斯大厦 Sears Tower 完工，110 层，高 443m，建筑用钢 76000t，是 20 世纪 80 年代前世界上最高的建筑。

1974 年中国颁布《钢结构设计规范》TJ 17-44（半概率，半经验的设计法）。

1976 年加拿大的西安大略大学进行的风洞实验室研究。这一研究对 MBMA、SBC 和世界其他一些国家的规范中风荷载的规定做出贡献，广泛用于低层金属结构系统。同年，法国 USINOR 发展可耐 900℃的耐火钢。

1979 年美国底特律建成世界上跨度最大的钢空间网架结构建筑——韦恩县体育馆，直径为 266m。

1980 年本钢管公司 NKK 发展 OLAC 钢板工艺（TMCP 钢板）（2002 年 NKK 被美国

国家钢铁公司收购）20 世纪 80 年代初深圳蛇口工业区首次采用热轧钢材门式框架厂房。

1983 年美国钢结构学会 AISC 颁布第一本 AISC-LRFD，极限设计法。

1988 年中国颁布《钢结构设计规范》GBJ 17—1988 概率极限设计法。

1994 年日本公布 JIS G3106 SN 钢材标准。

1995 年大阪神户地震，钢结构抗震性能展现。

1996 年中国成为世界第一大产钢国。产钢量过亿吨；台湾容许应力设计法，极限设计法于 1 月 1 日颁布施行；9 月 21 日地震，震后钢结构使用范围大增。

2002 年世界各国钢材生产全面过剩，贸易战开始，钢结构全面应用。

1.4.3　钢结构的新发展

（1）提高钢材性能（强度、塑性、韧性、耐火、耐候、耐腐等），减少耗钢量。

Q235-A b(f)-B b（f）-C-D

Q345（390、420)-A-B-C-D-E

（2）优化结构形式，科学利用材料。

从构件——→整体；　　从弹性——→弹塑性

（应力蒙皮效应）　　（计算手段的改进）

（3）推广科学的连接方式，提高节点强度。

销钉连接——→焊接——→高强度螺栓连接

（4）探索新的设计理论，充分发挥材料性能。

目前钢结构的计算上采用一次二阶矩概率为基础的概率极限状态的设计法，该方法存在一定的局限性，如：计算的可靠度只是构件或某一截面的可靠度，而不是整体结构的可靠度，同时也不适用于疲劳计算的反复荷载和动荷载作用下的结构。

（5）制造和安装。

机电一体化，用软件把钢材切割、焊接技术和焊接标准集成一起，保证质量又节省劳动力。

第 2 章 钢结构检测基础知识

2.1 钢结构的常见术语和符号

2.1.1 钢结构的常见术语

（1）检测试验：依据国家有关标准和设计文件对建筑工程的材料和设备性能、施工质量及使用功能进行测试，并出具检测试验报告的过程。

（2）检测机构：为建筑工程提供检测服务并具备相应资质的社会中介机构。

（3）钢结构现场检测：对钢结构实体实施的原位检查、测量和检测等工作。

（4）工程质量检测：按照相关规定的要求，采用试验、测试等技术手段确定建设工程的建筑材料、工程实体质量特性的活动。

（5）工程检测管理信息系统：利用计算机技术、网络通信技术等信息化手段，对工程质量检测信息进行采集、处理、存储、传输的管理系统。

（6）抽样产品：检验、试验时，在试验单元中抽取的部分。

（7）试料：为了制备一个或几个试样，从抽样产品中所切取足够数量的材料。

（8）试样：经机加工或未经机加工后，具有合格尺寸且满足试验要求的状态的样坯。

（9）建筑结构检测：为评定建筑结构工程的质量或鉴定既有建筑结构的性能等所实施的检测工作称为建筑结构检测。

（10）设计文件：由设计单位完成的设计图纸、设计说明和设计变更文件等技术文件的统称。

（11）设计施工图：由设计单位编制的作为工程施工依据的技术图纸。

（12）施工详图：依据钢结构设计施工图和施工工艺技术要求，绘制的用于直接指导钢结构制作和安装的细化技术图纸。

（13）试验单元：根据产品标准或合同要求，以在抽样产品上进行的试验为依据，一次接受或拒收产品的件数或吨数。

（14）检测批：检测项目相同、质量要求和生产工艺基本相同，由一定数量构件等构成的检测对象。

（15）测区：按检测方法要求布置的，有一个或若干个测点的区域。

（16）测点：在测区内进行的一个检测点。

（17）测区钢材抗拉强度换算值：由测区的平均里氏硬度值通过测强曲线计算得到的该检测单元的钢材抗拉强度值。

（18）消应处理：焊接后将焊接接头加热到母材 Ac1 线以下的一定温度并保温一段时间，以消减接头位置的焊接残余应力，降低焊接接头的冷裂倾向为目的的焊后热处理方法。

（19）有效厚度：对接焊缝中，减去焊缝余高，由焊缝表面到焊缝根部的最小距离。

（20）临时支承结构：在施工期间存在的、施工结束后需要拆除的结构。

（21）临时措施：在施工期间为了满足施工需求和保证工程安全而设置的一些必要的构造或临时零部件和杆件，如吊装孔、连接板、辅助构件等。

（22）焊缝缺陷：对焊缝中裂纹、未熔合、未焊透、气孔、夹渣等。

（23）平面型缺陷：2维尺寸缺陷，如裂纹、未熔合、钢板夹层等，超声波探伤检测发现能力强。

（24）体积型缺陷：3维尺寸缺陷，如气孔、夹渣等，射线探伤检测发现能力强。

（25）焊接空心球节点：管直接焊接在球上的节点。

（26）螺栓球节点：管与球采用螺栓相连的节点，由螺栓球、高强度螺栓、套筒、紧固螺钉和锥头或封板等零、部件组成。

（27）抗滑移系数：高强度螺栓连接中，使连接件摩擦面产生滑动时的外力与垂直于摩擦面的高强度螺栓预拉力之和的比值。

（28）预变形：为了使施工完成后的结构或构件达到设计几何定位的控制目标，预先进行的初始变形设置。

（29）挠度：在荷载等作用下，结构构件轴线或中性面上某点由挠曲引起垂直于原轴线或中线面方向上的线位移。

（30）环境温度：制作或安装时现场的温度。

（31）零件：组成部件或构件的最小单元，如节点板、翼缘板等。

（32）部性：由若干零件组成的单元，如焊接H型钢、牛腿等。

（33）构性：由零件或由零件和部件组成的钢结构基本单元，如梁、柱、支撑等。

（34）小拼单元：钢网架结构安装工程中，除散件之外的最小安装单元，一般分平面桁架和锥体两种类型。

（35）中拼单元：钢网架结构安装工程中，由散件之外的最小安装单元组成的安装单元，一般分条状和块状两种类型。

（36）高强度螺栓连接副：高强度螺栓和与之配套的螺母、垫圈的总称。

（37）预拼装：为检验构件是否满足安装质量要求而进行的拼装。

（38）空间刚度单元：由构件构成的基本的稳定空间的体系。

（39）焊钉（栓钉）焊接：将焊钉（栓钉）一端与板件（或管件）表面接触通电引弧，待接触面熔化后，给焊钉（栓钉）一定压力完成焊接的方法。

（40）节点板（图2-1）：是一种将钢梁结合在一起的零件。

（41）翼缘板（图2-2）：是焊接不同规格尺寸的轻型H型钢专用材料，此产品优化了焊接H型钢的生产工艺，代替板材，节省了剪切的费用，节省工时，节省钢材消耗从而大大降低了焊接H型钢的成本。

（42）牛腿（图2-3）：也叫支撑座，它对钢结构起到支撑作用。

（43）桁架（图2-4）：工程中由杆件通

图2-1　节点板连接钢梁腹板

过焊接、铆接或螺栓连接而成的结构，称为"桁架"。特点：各杆件受力均以单向拉、压为主，通过对上下弦杆和腹杆的合理布置，可适应结构内部的弯矩和剪力分布。

图 2-2　翼缘板

图 2-3　牛腿

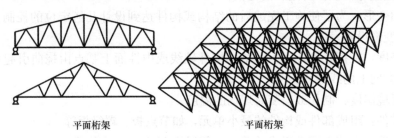

平面桁架　　　　　　平面桁架

图 2-4　桁架

（44）索——索桁架、斜拉索、悬索（图 2-5）：以一系列拉索为主要承重构件，这些索按一定的规律组成各种不同的形式，悬挂于相应的支撑结构上，使材料强度在受拉情况下得到充分发挥的结构形式。

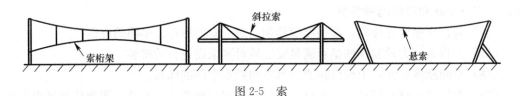

图 2-5　索

（45）网壳结构（图 2-6）：网壳结构同网架结构一样，网壳也是由许多杆件按一定规律布置，通过节点连接成空间杆系结构，但网架的外形呈平板状，而网壳的外形呈曲面状。一般为单层或双层，按其外形为单曲面或双曲面而构成网状穹顶、网状筒壳以及双曲抛物面网壳等多种形式。

网壳结构的特点：外形美观、通透感好，建筑空间大、用材省，设计施工较复杂。

图 2-6　网壳结构

2.1.2 钢结构的焊缝符号标注

国际焊接领域主要焊接标注法主要分为两大标准体系，即国际标准化组织（ISO）和美国焊接学会（AWS），标准代号分别为：《焊接在国际上的符号表示方法》ISO2553：1992 和《焊接、钎焊和无损检测符号标注标准》ANSI/AWSA2.4：1998。

欧盟（EN）的标准化委员会（CEN）于 1995 年推出了 EN2253：1995 标准，该标准等同采用 ISO2553：1992 标准，在欧洲被广泛采用（欧盟 18 个成员强制使用）我国于 1988 年编制了《焊缝符号表示法》GB 324—1988，该标准等效采用国际标准 ISO2553，仅对原标准的极个别内容进行了增减，如增加了三面焊代号，取消了堆焊、边缘焊的焊缝代号，主要标注坡口钝边取代标注坡口深度等。为保持与国际焊接接轨，日本推出了《焊接符号》J1：SZ3021：2000 标准，该标准以 ISO2553 标准为基础，吸取了 AWSA2.4 的精华（如箭头指向侧表示法），同时保留了部分日本原焊接标注的特点（如局部焊接表示法，衬垫焊表示法，电阻焊符号），是一套比较科学的焊缝标注方法。

1. 中国标准（GB 324—2008）

完整的焊缝表示方法除了本符号除了基本符号、辅助符号及补充符号之外，还包括指引线、一些尺寸符号及数据。指引线一般由带有箭头的指引线（统称箭头线）和两条基准线（一条为实线另一条为虚线）两部分组成，如图 2-7 所示：

箭头线相对焊缝的位置一般没有特殊要求，但是在标注形焊缝时箭头线应指向带有坡口一侧的工件，必要时允许箭头线弯折一次，如图 2-8 所示。

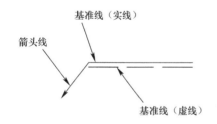

图 2-7　焊缝标注（1）

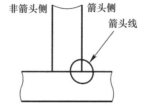

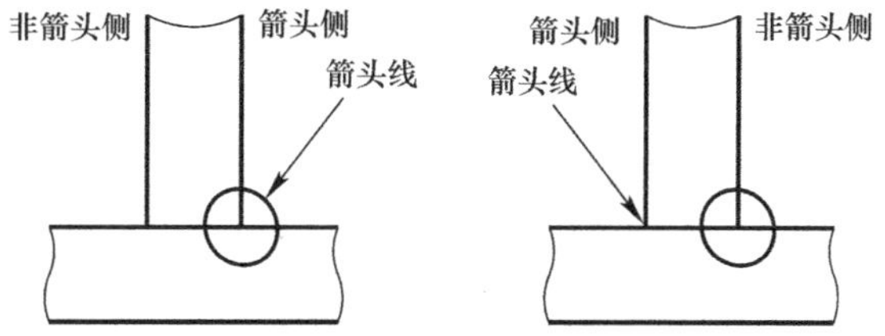

图 2-8　焊缝标注（2）

基准线的虚线可以画在基准线的实线下侧或上侧；

基准线应与图样的底边相平行但在特殊条件下亦可与底边相垂直。

基本符号相对基准线的位置：

1）如果焊缝在接头的箭头侧，则将基本符号标在基准线的实线侧见图 2-9。

2）如果焊缝在接头的非箭头侧，则将基本符号标在基准线的虚线侧见图 2-9。

3）标对称焊缝及双面焊缝时可不加虚线。

断续角焊缝表示方法见图 2-10。

交错断续角焊接表示方法见图 2-11。

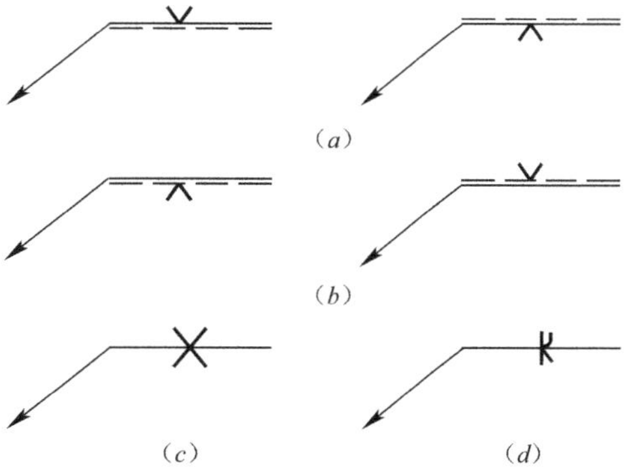

（a）

（b）

（c）　　　　　　　　　（d）

图 2-9　焊缝标注（3）

（a）焊接在接头的箭头侧；

（b）焊接在接头的非箭头侧；

（c）对称焊缝；（d）双面焊缝

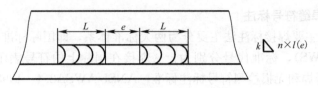

图 2-10　断续角焊缝表示方法

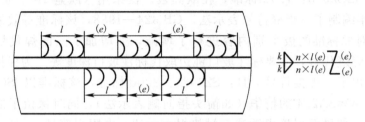

图 2-11　交错断续角焊缝表示方法

2. AWS A2.4-1998（美国）：焊接、钎焊和无损检测符号

（1）焊接符号要素（图 2-12）

除非有特殊说明，否则除了参考线和箭头外，其他的要素并不是都要使用的。

一个焊接符号可以包含下列要素：参考线（必要要素）、箭头（必要要素）、尾巴、基本焊接符号、尺寸、和其他数据、辅助符号、其他。

参考线用来表示焊缝符号和其他数据，对在其上标识的任何要素都具有具体的含义。参考线以下被称为箭头端，参考线以上称为另一端。

连接参考线的箭头指向需焊接的坡口或区域。它或许有折角，或许无折角，或许带有多个箭头。当所示箭头带有折角时，折角箭头总是指向接头需开坡口的工件。

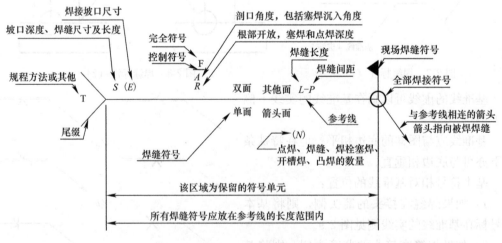

图 2-12　焊接符号

图中提及的工艺、参考文献、技术要求，规范及其他与焊接有关的文件也许会通过增加在焊接符号尾巴上的参考信息来说明。包含在参考文件中的信息不一定需要在焊接符号中重复。

图纸中可通过制定的单一焊接符号为典型（或缩小为 TYP）来避免同一焊接符号的

重复。

（2）箭头折线的应用（图 2-13）

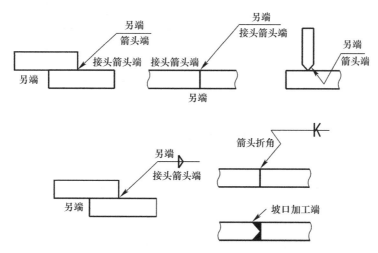

图 2-13　箭头折线的应用

（3）常见焊接补充符号（图 2-14）

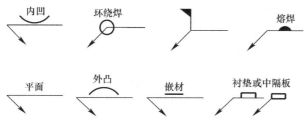

图 2-14　补充符号

（4）焊缝轮廓及加工方法

当焊缝轮廓成型有要求时，应标准相应符号，同时也可以明确加工方法。

焊缝轮廓加工方法（主要用于焊缝磨平）：

C—凿 chipping；G—打磨 grinding；H—锤击 hammering；

M—机加工 machining；R—碾压 rolling；U—不指定 unspecified。

（5）全熔透焊缝的几种表示方法（表 2-1）

全熔透焊缝的几种表示方法	表 2-1
焊缝符号左侧无尺寸标注	
明确 CJP/CP/FP	CJP或CP或FPQ
明确 UT/反面清根	UT或反面清根 BACK GOUGHING或BG

续表

衬垫焊	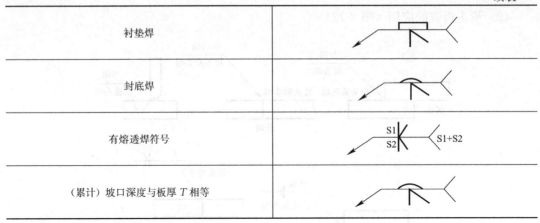
封底焊	
有熔透焊符号	
（累计）坡口深度与板厚 T 相等	

（6）几种焊接符号表示说明（图 2-15～图 2-17）

图 2-15　交错焊接长度与间距

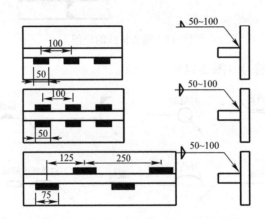

图 2-16　焊槽长度与间距

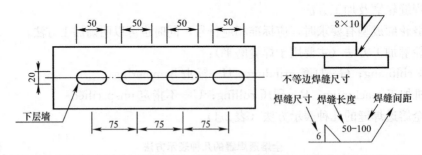

图 2-17　剖口深度与焊缝深度

3. ISO2553 焊缝符号举例说明

标准规定角焊缝的尺寸标注采用两种尺寸：a（有效焊喉）、z（焊角）（图 2-18）。

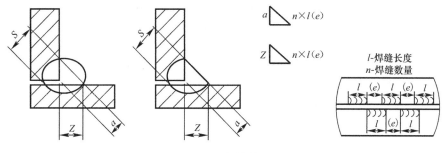

图 2-18　焊接符号

2.2　钢结构识图的基本知识

2.2.1　施工图基本知识

在建筑钢结构工程设计中，通常将结构施工图的设计分为设计图设计和施工详图设计两个阶段。设计图设计是由设计单位编制完成，施工详图设计是以设计图为依据，由钢结构加工厂深化编制完成，并将其作为钢结构加工与安装的依据。

设计图与施工详图的主要区别是：设计图是根据工艺、建筑和初步设计等要求，经设计和计算编制而成的较高阶段的施工设计图。它的目的和深度以及所包含的内容是作为施工详图编制的依据，它由设计单位编制完成，图纸表达简明，图纸量少。内容一般包括：设计总说明、结构布置图、构件图、节点图和钢材订货表等。施工详图是根据设计图编制的工厂施工和安装详图，也包含少量的连接和构造计算，它是对设计图的进一步深化设计，目的是为制造厂或施工单位提供制造、加工和安装的施工详图，它一般由制造厂或施工单位编制完成，图纸表示详细，数量多。内容包括：构件安装布置图、构件详图等。

2.2.2　制图标准有关规定

在结构施工图中图线的宽度 b 通常为 2.0mm、1.4mm、0.7mm、0.5mm、0.35mm，当选定基本线宽度为 b 时，则粗实线为 b、中实线为 $0.5b$、细实线为 $0.25b$。在同一张图纸中，相同比例的各种图样，通常选用相同的线宽组。

2.2.3　构件名称的代号

常用构件代号见表 2-2。

常用构件代号　　　　表 2-2

序号	名称	代号	序号	名称	代号	序号	名称	代号
1	板	B	7	墙板	QB	13	轨道连接	DGL
2	屋面板	WB	8	天沟板	TGB	14	车挡	CD
3	楼梯板	TB	9	梁	L	15	基础梁	JL
4	盖板或沟盖板	GB	10	屋面梁	WL	16	楼梯梁	TL
5	挡雨板或檐口板	YB	11	吊车梁	DL	17	框架梁	KL
6	吊车安全走道板	DB	12	单轨吊车梁	DDL	18	框支梁	KZL

序号	名称	代号	序号	名称	代号	序号	名称	代号
19	屋面框架梁	WKL	27	柱	Z	35	雨篷	YP
20	檩条	LT	28	框架柱	RZ	36	阳台	YT
21	屋架	WJ	29	连系梁	LL	37	梁垫	LD
22	托架	TJ	30	柱间支撑	ZC	38	地沟	DG
23	天窗架	CJ	31	垂直支撑	CC	39	承台	CT
24	框架	KJ	32	水平支撑	SC	40	设备基础	SJ
25	刚架	GJ	33	预埋件	M	41	桩	ZH
26	支架	ZJ	34	梯	T	42	基础	J

2.2.4　材料代号

1. 碳素结构钢

碳素钢是以铁为基本成分，以碳为主要合金元素的铁碳合金。碳钢除含铁、碳外，还含有少量的有益元素锰、硅及少量的有害杂质元素硫、磷。普通碳素结构钢按其质量等级不同可分 A、B、C、D 四个等级。其中 A 级一般不做冲击试验；B 级做常温冲击试验；C 级做 0℃冲击试验；D 级做−20℃冲击试验。因此 D 级质量最好，C、D 级可用做重要的焊接结构。

普通碳素结构钢的牌号是由屈服点的数值以及质量等级和脱氧方法四个部分按顺序组成。"F"表示沸腾钢，"b"表示为半镇静钢，"Z"表示镇静钢，"TZ"表示特殊镇静钢。通常镇静钢和特殊镇静钢不标注符号。

例如：Q235-B.F 表示钢材屈服点为 235N/mm²，钢材的质量等级为 B 级，沸腾钢。

沸腾钢是在熔炼钢液中加入弱脱氧剂进行脱氧；镇静钢和特殊镇静钢是在熔炼钢液中加入强脱氧剂进行脱氧，脱氧彻底充分，质量比沸腾钢好，价格也比沸腾钢高；半镇静钢的价格和质量介于沸腾钢和镇静钢之间。

现行国家标准《碳素结构钢》GB/T 700—2006 将普通碳素结构钢分为 Q195、Q215、Q235、Q275 等四种牌号，其中 Q235 在使用、加工和焊接方面的性能较好，是钢结构中最常用的钢种之一。

2. 优质碳素结构钢

优质碳素结构钢比普通碳素结构钢杂质含量少、性能优越。优质碳素结构钢的牌号是由两位阿拉伯数字和随其后加注的规定符号来表示。如 08F、45、20A、70Mn、20g 等，牌号中的两位阿拉伯数字，表示以万分之几计算的平均碳的质量分数。例如"45"表示这种钢的平均碳的质量分数为 0.45%；阿拉伯数字之后标注的符号"F"表示沸腾钢；"b"表示半镇静钢，镇静钢不标注符号；阿拉伯数字之后标注的符号"Mn"表示钢中锰的质量分数较高，达到 0.7%～1.0%，普通含锰量的钢不标注其符号；阿拉伯数字之后标注的符号"A"表示高级优质碳素结构钢，"E"表示特级优质碳素结构钢，钢中硫的质量分数小于 0.03%，磷的质量分数小于 0.035%；阿拉伯数字之后标注的符号表示专门用途钢，其中"g"表示锅炉用钢，"R"表示压力容器用钢，"q"表示桥梁用钢，"DR"表示低温压力容器用钢等。

3. 低合金高强度结构钢

低合金高强度结构钢的牌号表示方法与普通碳素结构钢相同，由代表屈服点的字母Q、屈服点的数值、质量等级符号三个部分按顺序组成。只是质量等级有 A、B、C、D、E 五个等级，其中 E 级需要做−40℃的冲击试验。

现行国家标准《低合金高强度结构钢》GB/T 1591—2008 按屈服强度高低将低合金高强度结构钢分为 Q345、Q390、Q420、Q460、Q500、Q550、Q620、Q690 八种牌号。

4. 合金结构钢

合金结构钢的牌号用阿拉伯数字和合金元素符号表示。前面两位阿拉伯数字表示钢中以万分之几计算的平均碳的质量分数，接着是合金所含的元素符号和平均质量分数。元素的平均质量分数<1.5%，该元素只标注符号。

2.2.5 螺栓

螺栓作为钢结构的主要连接紧固件，通常用于钢结构构件间的连接、固定和定位等。螺栓有普通螺栓和高强度螺栓两种。

1. 普通螺栓

普通螺栓的紧固轴力很小，在外力作用下连接板件即将产生滑移，通常外力是通过螺栓杆的受剪和连接板孔壁的承压来传递。普通螺栓质量等级按螺栓加工制作的质量及精度公差不同，分 A、B、C 三个等级。A 级的加工精度最高，C 级最差。A、B 级螺栓称精制螺栓，C 级则称粗制螺栓。A、B 级螺栓杆身经车床加工制成，加工精度高。A 级螺栓适用于小规格螺栓，直径 $d \leqslant$ M24，长度 $l \leqslant$ 150mm 和 10d；B 级螺栓适用于大规格螺栓，$d >$ M24，长度 $l >$ 150mm 和 10d；C 级螺栓是用未经加工的圆钢制成，杆身表面粗糙，加工精度低，尺寸不准确。

螺栓孔壁质量类别分Ⅰ、Ⅱ两类，Ⅰ类孔的质量高于Ⅱ类孔。Ⅰ类孔通常是指由下列三种方法加工制成：

1）在装配好的构件上按设计孔径钻成的孔；

2）在单个零件上或构件上按设计孔径用钻模钻成的孔；

3）在单个零件上先钻成或冲成较小的孔径，然后在装配好的构件上再扩钻至设计孔径的孔。Ⅱ类孔是在单个零件上一次冲成或不用钻模钻成的孔。

螺栓孔壁质量类别与螺栓等级是相匹配的，A、B 级螺栓与Ⅰ类孔匹配使用。Ⅰ类孔的孔径与螺栓公称直径相等，基本上无缝隙，螺栓可轻击入孔。C 级螺栓常与Ⅱ类孔匹配使用，Ⅱ类孔的孔径比螺栓直径大 1~2mm，缝隙较大，螺栓入孔较容易，抗剪性能较差，只适用于受拉力的连接，受剪时用支托承受剪力。若 C 级螺栓用于受剪，也只能在承受静载结构中的次要连接或临时固定用的安装连接。普通螺栓的连接对螺栓紧固轴力没有要求，一般由操作工使用普通扳手靠自己的力量拧紧，使被连接板件接触面贴紧无明显间隙即可。

建筑钢结构中常用的普通螺栓的性能等级有 4.6、4.8、5.6、8.8 四个等级。螺栓的性能等级代号以两个数值表示，前一个数值表示螺栓公称的最低抗拉强度，后一个数值表示螺栓的屈强比。如 4.6 级表示螺栓最低抗拉强度为 400N/mm^2，0.6 表示螺栓的屈服强度与抗拉强度的比值为 0.6。普通螺栓常用 Q235 钢制作，通常为六角头螺栓，标记为 M$d \times L$。其中 d 为螺栓的直径、L 为螺栓的公称长度。普通螺栓常用的规格有 M8、M10、M12、M16、M20、M24、M30、M36、M42、M48、M56 和 M64。

2. 高强度螺栓

高强度螺栓连接受力性能好、连接刚度高、抗震性好、耐疲劳、施工简便，它已广泛地被用于建筑钢结构的连接中，成为建筑钢结构的主要连接件。

高强度螺栓的类型及一般要求：

高强度螺栓根据其受力特征的不同可分为摩擦型高强度螺栓和承压型高强度螺栓。摩擦型高强度螺栓是通过螺栓紧固轴力，将连接板件压紧，剪力靠压紧板件间的摩擦阻力传递，以摩擦阻力刚被克服作为连接承载力的极限状态。承压型高强度螺栓当剪力大于摩擦阻力后，连接板件产生相对滑移，栓杆与板件有挤压，它是以栓杆被剪断或连接板件被压坏作为承载力极限状态，其承载力极限值大于摩擦型高强度螺栓。

目前生产商供应的高强度螺栓，摩擦型和承压型在制造和构造上没有区分，只是承载力极限状态取值不同。

建筑钢结构中常用前的高强度螺栓有大六角头高强度螺栓和扭剪型高强度螺栓两种。我国使用的大六角头高强度螺栓有 8.8 级和 10.9 级两种，大六角头高强度螺栓连接副含一个螺栓、一个螺母和两个垫圈。扭剪型高强度螺栓只有 10.9 级一种，扭剪型高强度螺栓连接副含一个螺栓、一个螺母和一个垫圈。高强度螺栓的力学性能是以经热处理后的数值为准，其性能等级代号与普通螺栓相同，用两个数值表示，如 8.8 级和 10.9 级，前一个数值表示经热处理后的最低抗拉强度，8 和 10 分别表示最低抗拉强度为 800N/mm^2 和 1000N/mm^2；后一个数值表示螺栓经热处理后的屈强比为 0.8 和 0.9。

3. 锚栓

锚栓主要是作为钢柱脚与钢筋混凝土基础的连接承受柱脚的拉力，并作为柱子安装定位时的临时固定。锚栓的锚固长度不能小于锚栓直径的 25 倍。锚栓通常用 Q235 或 Q345 等塑性性能较好的钢制作，它是非标准件，直径较大。锚栓在柱子安装校正后，锚栓垫板要焊死，并用双螺母紧固，防止松动。

4. 圆柱头焊钉

圆柱头焊钉（又称带头栓钉）是高层建筑钢结构中用量较大的连接件，它是作为钢构件与混凝土构件之间的抗剪连接件，其形状和规格参见国家标准《电弧螺柱焊用圆柱头焊钉》GB/T 10433—2002。

高层建筑钢结构中的梁、柱构件上常用的圆柱头焊钉直径为 16mm、9mm 及 22mm。

2.2.6　球节点

建筑钢结构中，常用的网架球节点有螺栓球节点和焊接球节点两大类。

1. 螺栓球节点

螺栓球节点是由钢球、螺栓、封板或锥头、套筒、螺钉或销子等组成，如图 2-19。

2. 焊接球节点

焊接球节点钢网架结构是由钢制空心球或管与钢管焊接而成（图 2-20），它的焊缝包括球节点和管节点两种。

2.2.7　螺栓、孔、电焊铆钉的表示方法

螺栓、孔、电焊铆钉的表示方法见表 2-3。

图 2-19 螺栓球节点

图 2-20 焊接球节点

螺栓、孔、电焊铆钉的表示方法　　　　表 2-3

符号	名称	图例
1	永久螺栓	
2	高强螺栓	
3	安装螺栓	
4	膨胀螺栓	
5	圆形螺栓孔	
6	长圆形螺栓孔	
7	点焊铆钉	

2.2.8 钢结构节点详图

1. 节点详图识读

钢结构是由若干构件连接而成，钢构件又是由若干型钢或零件连接而成。钢结构的连接有焊缝连接、铆钉连接、普通螺栓连接和高强度螺栓连接，连接部位统称为节点。连接设计是否合理，直接影响到结构的使用安全、施工工艺和工程造价，所以钢结构节点设计同构件或结构本身的设计一样重要。钢结构节点设计的原则是：安全可靠、构造简单、施工方便和经济合理。

2. 柱拼接连接详图

柱的拼接有多种形式，以连接方法分为螺栓和焊缝拼接，以构件截面分为等截面拼接和变截面拼接，以构件位置分为中心和偏心拼接。图 2-21 为柱拼接连接详图。

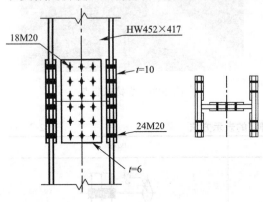

图 2-21　柱拼接连接详图

在此详图中，可知此钢柱为等截面拼接，HW452×417 表示立柱构件为热轧宽翼缘 H 型钢，高为 452mm，宽为 417mm，截面特性可查型钢表 GB/T 11263；采用螺栓连接，18M20 表示腹板上排列 18 个直径为 20mm 的螺栓，24M20 表示每块翼板上排列 24 个直径为 20mm 的螺栓，由螺栓的图例，可知为高强度螺栓，从立面图可知腹板上螺栓的排列，从立面图和平面图可知翼缘上螺栓的排列，栓距为 80mm，边距为 50mm；拼接板均采用双盖板连接，腹板上盖板长为 540mm，宽为 260mm，厚为 6mm，翼缘上外盖板长为 540mm，宽与柱翼宽相同，为 417mm，厚为 10mm，内盖板宽为 180mm。作为钢柱构件，在节点连接处要能传递弯矩、扭矩、剪力和轴力，柱的连接必须为刚性连接。

图 2-22 为变截面柱偏心拼接连接详图。在此详图中，知此柱上段为 HW400×300 热轧宽翼缘 H 型钢，截面高、宽为 400mm 和 300mm，下段为 HW450×300 热轧宽翼缘 H 型钢，截面高、宽分别为 400mm 和 300mm，柱的左翼缘对齐，右翼缘错开，过渡段长 200mm，使腹板高度达 1:4 的斜度变化，过渡段翼缘宽度与上、下段相同，此构造可减轻截面突变造成的应力集中，过渡段翼缘厚为 26mm，腹板厚为 14mm；采用对接焊缝连接，从焊缝标注可知为带坡口的对接焊缝，焊缝标注无数字时，表示焊缝按构造要求开口。

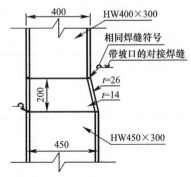

图 2-22　变截面柱偏心拼接连接详图

3. 梁拼接连接详图

梁的拼接形式与柱类同。

图 2-23 为梁拼接连接详图。在此详图中，可知此钢梁为等截面拼接，HN500×200 表示梁为热轧窄翼缘 H 型钢，截面高、宽为 500mm 和 200mm，采用螺栓和焊缝混合连接，其中梁翼缘为对接焊缝连接，小三角旗表示焊缝为现场施焊，从焊缝标注可知为带坡口有垫块的对接焊缝，焊缝标注无数字时，表示焊缝按构造要求开口，从螺栓图例可知为高强度螺栓，个数有 10 个，直径为 20mm，栓距为 80mm，边距为 50mm；腹板上拼接板为双盖板，长为 420mm，宽为 250mm，厚为 6mm，此连接可使梁在节点处能传递弯矩，为刚性连接。

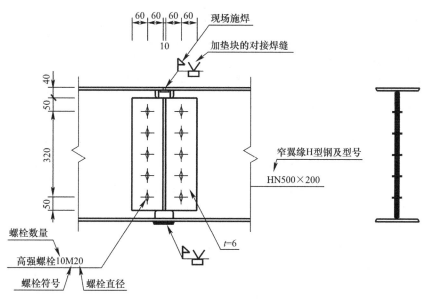

图 2-23　梁拼接详图（刚性连接）

2.3　钢结构检测鉴定的重要性

我国各类工业与民用建筑的设计使用寿命一般为 50 年，除了需要对新建建筑物进行质量检测以外，随着时间的推移以及各种自然灾害和人为因素的影响，已有建筑物的局部或整体也可能丧失正常使用功能，甚至危及财产和生命安全。因此，对建筑物进行检测、鉴定，是抵抗天灾人祸、保护人民财产安全和国家财富所不可缺少的重要手段。近 30 年来，由于国家的大力支持和市场的需求，我国钢结构发展迅猛，各类钢结构企业应运而生。对于一个优质的钢结构工程具备三个因素：其一参建人员素质；其二精湛的技术水平；其三施工工序到位，而工程检测在工程质量的控制中占重要地位。工程检测对于提高工程质量，加快工程进度，降低造价，推动施工技术进步，起着非常重要的作用，由此在建钢结构检测试验地位尤为突出。同时随着我国国民经济和科学技术的持续快速发展以及城镇规划的逐步完善，许多已有建筑物甚至是新建建筑物已经不满足生产、生活的需求，需要依据现行的技术标准对其进行局部或整体改造，以适应新的使用功能要求，但我国钢结构工程运用起步较晚、专业技术人才相对匮乏、工程质量控制意识薄弱，以至于在一些钢结构工程中出现了严重的技术、经济不合理现象，甚至造成了许多工程质量事故，损失惨重，故而对既建钢结构工程检测、鉴定很有必要。

2.4　钢结构工程质量验收的基本规定

（1）钢结构工程施工单位应具备相应的钢结构工程施工资质，施工现场质量、管理应有相应的施工技术标准、质量管理体系、质度，施工现场应有经项目技术负责人审批的施工组织设计、施工方案等技术文件。

（2）钢结构工程施工质量的验收，必须采用经计量检定、校准合格的计量器具。

（3）钢结构工程应按下列规定进行施工质量控制：

1）采用的原材料及成品应进行进场验收。凡涉及安全、功能的原材料及成品应按本规范规定进行复验，并应经监理工程师（建设单位技术负责人）见证取样、送样；

2）各工序应按施工技术标准进行质量控制，每道工序完成后，应进行检查；

3）相关各专业工种之间，应进行交接检验，并经监理工程师（建设单位技术负责人）检查认可。

（4）钢结构工程施工质量验收应在施工单位自检基础上，按照检验批、分项工程、分部（子分部）工程进行。钢结构分部（子分部）工程中分项工程划分应按照现行国家标准《建筑工程施工质量验收统一标准》GB 50300 的规定执行。钢结构分项工程应有一个或若干检验批组成，各分项工程检验批应按本规范的规定进行划分。

（5）分项工程检验批合格质量标准应符合下列规定：

1）主控项目必须符合本规范合格质量标准的要求；

2）一般项目其检验结果应有 80% 及以上的检查点（值）符合本规范合格质量标准的要求，且最大值不应超过其允许偏差值的 1.2 倍。

3）质量检查记录、质量证明文件等资料应完整。

（6）分项工程合格质量标准应符合下列规定：

1）分项工程所含的各检验批均应符合本规范合格质量标准；

2）分项工程所含的各检验批质量验收记录应完整。

（7）当钢结构工程施工质量不符合本规范要求时，应按下列规定进行处理：

1）经返工重做或更换构（配）件的检验批，应重新进行验收；

2）经有资质的检测单位检测鉴定能够达到设计要求的检验批，应予以验收；

3）经有资质的检测单位检测鉴定达不到设计要求，但经原设计单位核算认可能够满足结构安全和使用功能的检验批，可予以验收；

4）经返修或加固处理的分项、分部工程，虽然改变外形尺寸但仍能满足安全使用要求，可按处理技术方案和协商文件进行验收。

5）通过返修或加固处理仍不能满足安全使用要求的钢结构分部工程，严禁验收。

2.5　钢结构检测的范围和分类

为评定建筑结构工程的质量或鉴定既有建筑结构的性能等所实施的检测工作称为建筑结构检测，根据《钢结构现场检测技术标准》GB/T 50621—2010 规定钢结构的检测可分为在建钢结构的检测和既有钢结构的检测：

（1）当遇到下列情况之一时，应按在建钢结构进行检测：

1）在钢结构材料检查或施工验收过程中需了解质量状况；

2）对施工质量或材料质量有怀疑或者争议；

3）对工程事故，需要通过检测，分析事故原因以及对钢结构可靠性的影响。

（2）当遇到下列情况之一时，应按既有钢结构进行检测

1）钢结构的安全性鉴定。

2）钢结构的抗震鉴定。

3）大修前的可靠性鉴定。

4）建筑改变使用用途、改造、加层、扩建前的鉴定。

5）受到灾害、环境腐蚀等影响的鉴定。

6）对钢结构的可靠性产生怀疑或争议时。

7）达到使用年限而需继续使用。

（3）既有建筑除了上述情况下的检测外，宜在设计使用年限内对建筑结构进行常规检测。常规检测宜以下列部位为检测重点：

1）出现渗、漏水部位的构件；

2）受到较大反复荷载或动力荷载作用的构件；

3）暴露在室外的构件；

4）受到腐蚀性介质侵蚀的构件；

5）与侵蚀性土壤直接接触的构件；

6）受到冻融影响的构件；

7）委托方年检怀疑有安全隐患的构件；

8）容易受到磨损、冲撞损伤的构件。

（4）对于重要和大型公共建筑宜进行结构动力测试和结构安全性监测。

2.6　钢结构检测工作程序

1. 接受委托

2. 初步调查

（1）收集被检测结构的设计图纸、设计变更、施工记录、施工验收和工程地质勘察等资料；

（2）调查被检测钢结构的现状与缺陷、环境条件；使用期间的加固与维修情况、用途与荷载变更情况等，向有关人员进行调查，进一步明确委托方的检测目的和具体要求，并了解是否已进行过相关检测。

3. 制定检测方案

现场检测应根据检测项目情况，制定相应的检测方案。检测方案宜包括下列主要内容：

（1）概况，主要包括结构型式、建筑面积、总层数、设计、施工及监理单位，建造年代等；

（2）检测目的或委托方的检测要求；

（3）检测依据，主要包括检测所依据的标准及有关的技术资料等；

（4）检测项目和选用的检测方法以及检测的数据；

（5）检测人员和仪器设备情况；

（6）检测工作进度计划；

（7）所需要的配合工作；

（8）检查中的安全措施；

（9）检测中的环保措施。

4. 确定检测方案

5. 确定仪器设备状况

6. 现场检测

（1）钢结构材料的检测；

（2）连接（焊接连接、紧固件连接）的检测；

（3）构件尺寸与偏差的检测；

（4）构件缺陷和损伤的检测；

（5）结构构件变形的检测；

（6）结构构造检测；

（7）涂装的检测；

（8）地基基础的检测；

（9）其他方面的检测（包括结构的布置形式、荷载、环境、和振动等）。

7. 计算分析与结果评价

8. 出具检测报告

报告内容至少包括如下：

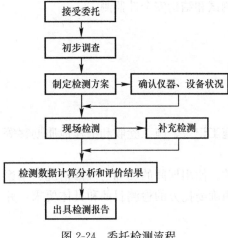

图 2-24　委托检测流程

（1）委托单位名称；

（2）建筑工程概况，包括工程名称、结构类型、规模、施工日期及现状等；

（3）设计单位、施工单位及监理单位名称；

（4）检测原因、检测目的。以往检测情况概述；

（5）检测项目、检测方法及依据的标准；

（6）抽样方案及数量；

（7）检测日期，报告完成日期；

（8）检测项目的主要分类检测数据和汇总结果；

（9）检测结果、检测结论；

（10）主检、审核和批准人员的签名。

委托检测流程如图 2-24 所示。

2.7　钢结构检测的基本要求

就在建钢结构检测而言，一般来说都是针对定型产品构件的生产，其钢结构制造阶段质量控制过程主要涉及以下几部分：

（1）材料准备与控制；

（2）钢结构焊接质量控制；

（3）钢结构紧固件连接质量控制；

（4）钢结构零部件加工质量控制；

（5）钢结构组装、预拼装质量控制；

（6）钢结构涂料质量控制等。

对钢结构制造质量的控制，必须满足相关设计和制造标准要求。而事实上，在实际生产中，钢结构制造、设计、验收质量也决非越高越好。关键前提是通过检查人员的工作，消除钢结构焊接制造过程中可能存在的质量隐患，确保建设工程的顺利开展与实施。因此，质量检查人员应如下几个方面正确把握质量控制的尺与度：

（1）要从产品的适用性角度考虑；

（2）工程对质量控制的要求程度；

（3）必须正确把握质量控制的核心点，对质量可能产生重大影响的环节绝不轻易放过。

2.8 钢结构检测人员的素质要求

为最大效率地开展工作，要求钢结构检验人员具备基本技能——KASH（知识、态度、技能和习惯）

2.8.1 专业知识

（1）熟悉图纸和相关规范、标准及技术文件要求；

（2）焊接术语；

（3）一定的焊接工艺和焊接方法知识；

（4）熟悉了解各种破坏性试验及无损探伤方法相关知识。

2.8.2 工作技能

（1）娴熟的检验经验技巧；

（2）具备一定的焊接经验及相关知识；

（3）接受工程冶金知识培训。

2.8.3 工作态度

（1）根据事实作出公平、全面、前后一致的判断能力；

（2）敬业精神；

（3）遵从检验行业道德规范。

2.8.4 工作习惯

（1）良好的安全习惯，能清楚了解安全隐患，采取适当方法避免不安全因素；

（2）完成和保存检验记录的能力，准确传递焊接检验信息（注意：手写报告错误后，应用单线划掉更正，而不是将错误之处涂改，更正后应签名并注明日期）；

（3）良好的身体与良好的视力；

（4）焊接检验师应具备良好的裸视或矫正视力（AWS 规定：不小于 300mm 的距离内，可达到 Jaeger12，所有检验人员的视力每三年测试一次，必要时，可少于三年）。

2.9 习题

一、单项选择题

1. 普通碳素结构钢按其（　　）不同可分为 A、B、C、D 四个等级。

A. 质量等级　　　　　B. 化学元素　　　　　C. 加工等级　　　　　D. 工艺性能

2. 现行国家标准《低合金高强度结构钢》（GB/T 1591—2008）按（　　）高低将低合金高强度结构钢分为 Q295、Q345、Q390、Q420、Q460 五种牌号。

A. 抗压强度　　　　　B. 屈服强度　　　　　C. 抗拉强度　　　　　D. 疲劳强度

3. 锚栓主要是作为钢柱脚与钢筋混凝土基础的连接承受柱脚的拉力，并作为柱子安装定位时的临时固定。锚栓的锚固长度不能小于锚栓直径的（　　）倍。

A. 15　　　　　　　　B. 20　　　　　　　　C. 25　　　　　　　　D. 30

二、多项选择题

1. 建筑是否安全可靠，在很大程度上取决于其结构体系，具体来说，就是取决于结构体系的（　　）、（　　）、（　　）。

A. 设计方法　　　　　B. 实验方法　　　　　C. 检测鉴定方法　　　　D. 施工方法

2. 提高钢材性能包括提高钢材的（　　）、（　　）、韧性、耐火、耐候、耐腐等性能。

A. 强度　　　　　　　B. 塑性　　　　　　　C. 加工性能　　　　　D. 热处理工艺

3. 由若干零件组成的单元称为部件，如（　　）、（　　）。

A. 节点板　　　　　　B. 翼缘板　　　　　　C. 焊接 H 型钢　　　　D. 牛腿

4. 高强度螺栓连接副由（　　）、（　　）、（　　）组成。

A. 高强度螺栓　　　　B. 配套的螺母　　　　C. 垫圈　　　　　　　D. 螺杆

5. 现行国家标准《碳素结构钢》（GB 706—2008）将普通碳素结构钢分为（　　）、Q215、Q235、（　　）、Q275 五种牌号。

A. Q185　　　　　　　B. Q195　　　　　　　C. Q245　　　　　　　D. Q255

三、简答题

1. 简述钢结构的优点和缺点。

2. 当钢结构工程施工质量不符合规范要求时，应如何进行处理？

3. 简述在什么情况下，钢结构应按既有钢结构进行检测？

参考答案

一、单项选择题

1. A　2. B　3. C

二、多项选择题

1. ABC　2. AB　3. CD　4. ABC　5. BD

三、简答题

1. 答案：优点有：（1）钢结构的抗拉、抗压、抗剪强度相对来说较高，钢结构构件的结构断面小、自重轻。（2）钢结构有比较好的延性，抗震性能好。（3）钢结构占有面积小，实际上是增加了使用面积。（4）钢结构制作简便，施工工期短且易于加固。（5）钢结构的材质均匀性好，可靠性高。缺点有：（1）耐锈蚀性差。（2）钢材耐热性能好，耐火性差。（3）结构构件刚度小，稳定问题突出。

2. 答案：（1）经返工重做或更换构（配）件的检验批，应重新进行验收；（2）经有资质的检测单位检测鉴定能够达到设计要求的检验批，应予以验收；（3）经有资质的检测单位检测鉴定达不到设计要求，但经原设计单位核算认可能够满足结构安全和使用功能的检验批，可予以验收；（4）经返修或加固处理的分项、分部工程，虽然改变外形尺寸但仍能满足安全使用要求，可按处理技术方案和协商文件进行验收。（5）通过返修或加固处理仍不能满足安全使用要求的钢结构分部工程，严禁验收。

3. 答案：（1）钢结构的安全性鉴定。（2）钢结构的抗震鉴定。（3）大修前的可靠件鉴定。（4）建筑改变使用用途、改造、加层、扩建前的鉴定。（5）受到灾害、环境腐蚀等影响的鉴定。（6）对钢结构的可靠性产生怀疑或争议时。（7）达到使用年限而需继续使用。

第3章 化学成分分析

3.1 钢的分类与牌号

3.1.1 钢的分类

（1）按化学成分分类：

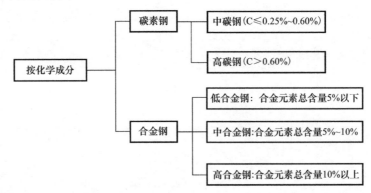

1）碳素钢

含碳量小于2.11%的铁碳合金称为碳素钢。通常其含碳量为0.02%～2.06%。除铁、碳外还含有少量的硅、锰和微量的硫、磷、氢、氧、氮等元素。碳素钢按含碳量多少又可分为低碳钢（含碳量小于0.25%）、中碳钢（含碳量为0.25%～0.60%）、高碳钢（含碳量大于0.60%）。

根据硫（S）、磷（P）杂质含量的多少，又可分为普通碳素钢（S≤0.055%、P≤0.045%）、优质碳素钢（S≤0.040%、P≤0.040%）、高级优质碳素钢（S≤0.030%、P≤0.035%）。

2）合金钢

合金钢是在炼钢过程中，为改善钢材的性能，加入一定量的合金元素而制得的钢种。常用合金元素有：硅、锰、钛、钒、铌、铬等。按合金元素总含量不同，合金钢可分为：低合金钢（合金元素总量小于5%）、中合金钢（合金元素总含量为5%～10%）、高合金钢（合金元素含量大于10%）。

低碳钢和低合金钢是钢结构工程中应用的主要钢种。

（2）按品质分：

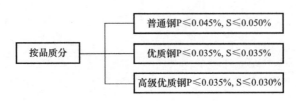

（3）按用途分：

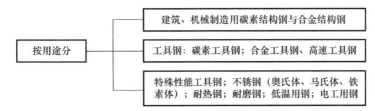

（4）按金相组织结构分：

（5）按脱氧程度分：

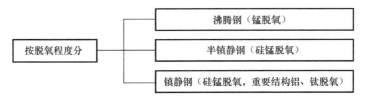

（6）按外观结构分：

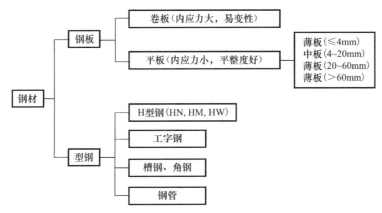

3.1.2 钢的牌号

钢的牌号简称钢号，是对每一种具体钢产品所取的名称，是人们了解钢的一种共同语言。我国的钢号表示方法，根据国家标准《钢铁产品牌号表示方法》GB/T 221—2008 中规定，采用汉语拼音字母、化学元素符号和阿拉伯数字相结合的方法表示。

钢结构工程中常用的碳素结构钢和低合金结构钢的牌号通常由四部分组成：

第一部分：前缀符号＋强度值（以 N/mm² 或 MPa 为单位），其中通用结构钢前缀符号为代表屈服强度的拼音的字母"Q"。

第二部分：钢的质量等级，用英文字母 A、B、C、D 表示。

第三部分：脱氧方式表示符号，即沸腾钢、半镇静钢、镇静钢、特殊镇静钢分别以"F"、"b"、"Z"、"TZ"表示。镇静钢、特殊镇静钢表示符号通常可以省略。

第四部分：产品用途、特性和工艺方法表示符号，例如高性能建筑结构用钢（GJ）、桥梁钢（Q）。

例：Q235—屈服点为 235MPa 的碳素结构钢

Q235AF—屈服点为 235MPa 的 A 级沸腾钢

Q345CGJ—屈服点为 235MPa 的 C 级高性能建筑结构用钢（通常也写为 Q345GJC）。

根据需要，低合金高强度结构钢的牌号也可以采用二位阿拉伯数字（表示平均含碳量，以万分之几计）加规定的元素符号及必要时加代表产品用途、特性和工艺方法的表示符号，按顺序表示。

例：碳含量为 0.15%～0.26%，锰含量为 1.2%～1.60% 的矿用钢牌号为 20MnK

3.2　钢的化学组成、分析与相关元素对材料性能的影响

3.2.1　钢的化学组成

钢是对含碳量在 0.02%～2.11% 之间的铁碳合金的统称。钢的化学成分可以有很大变化，只含铁、碳元素的钢称为碳素钢（碳钢）或普通钢；在实际生产中，钢往往根据用途的不同加入不同的合金元素，如锰、镍、钒等。各元素在钢中的含量直接影响钢材的性能。

1. 碳（Carbon）

存在于所有的钢材，是最重要的硬化元素。有助于增加钢材的强度，我们通常希望刀具级别的钢材拥有 0.60% 以上的碳，也称为高碳钢。

2. 铬（Chromium）

增加耐磨损性，硬度，最重要的是耐腐蚀性，拥有 13% 以上的认为是不锈钢。尽管这么叫，如果保养不当，所有钢材都会生锈。

3. 锰（Manganese）

重要奥氏体稳定元素，有助于生成纹理结构，增加坚固性和弹度及耐磨损性。在热处理和卷压过程中使钢材内部脱氧，出现在大多数的刀剪用钢材中。

4. 钼（Molybdenum）

碳化作用剂，防止钢材变脆，在高温时保持钢材的强度，出现在很多钢材中。

如空气硬化钢总是包含 1% 或者更多的钼，这样它们才能在空气中变硬。

5. 镍（Nickel）

保持强度、抗腐蚀性和韧性。

硅（Silicon）

有助于增强强度。和锰一样，硅在钢的生产过程中用于保持钢材的强度。

6. 钨（Tungsten）

增强抗磨损性。将钨和适当比例的铬或锰混合用于制造高速钢。在高速钢 M-2 中就含有大量的钨。

7. 钒（Vanadium）

增强抗磨损能力和延展性。在许多种钢材中都含有钒。

8. 磷（Phosphorus）

是有害元素，降低钢的塑性和韧性，出现冷脆性，能使钢的强度显著提高，同时提高大气腐蚀稳定性，含量应该限制在 0.05% 以下。

9. 硫（Sulfur）

硫是有害元素，使钢热脆性大，含量限制在 0.05% 以下。但是易切削钢的硫含量高，可达 0.08%～0.40%。

3.2.2　钢的化学成分分析

钢的化学成分分析按其任务可分为定性分析和定量分析。定性分析的是鉴定钢材所含的组分，例如所含的元素，常用的分析方法有火花检验法和光谱分析法，一般在生产现场常使用；定量分析是测定各组分的相对含量，最传统且较准确的方法是化学分析法，一般在实验室里进行。

1. 火花检验

钢的火花检验（火花鉴别）是将钢与高速旋转的砂轮接触，根据磨削产生的火花形状和颜色，近似地确定钢的化学成分的方法。当钢被砂轮磨削成高温微细颗粒，被高速抛射出来时，在空气中剧烈氧化，金属微粒产生高热和发光，形成明亮的流线，并使金属微粒熔化达熔融状态，使所含的碳氧化为 CO 气体进而爆裂成火花。根据流线和火花特征，可大致鉴别钢的化学成分。

钢的火花检验适用于碳钢、合金钢及铸铁，能鉴别出常见的合金元素，但对 S、P、Cu、Al、Ti 等元素则无法进行火花检验。

2. 光谱分析

光谱（全称为光学频谱）是复色光经过色散系统（如光栅、棱镜）进行分光后，按波长（或频率）的大小依次排列形成的图案。光谱按表现形式不同，可分为线状光谱、带状光谱和连续光谱。

线状光谱是由狭窄谱线组成的光谱。单原子气体或金属蒸气所发的光波均有线状光谱，故线状光谱又称原子光谱。由于每种原子都有自己的特征谱线，即不同元素的线状光谱互不相同，不存在任何有相同的线状光谱的两种元素；不同元素的线状光谱在谱线的多少、排列位置、强度等方面都不相同。这就是说，线状光谱是元素的固有特征，每种元素有其特有的不变的线状光谱。因此可以根据光谱来鉴别物质和确定它的化学组成。进行光谱分析时，可以利用发射光谱，也可以利用吸收光谱。光谱分析非常灵敏而且迅速，某种元素在物质中的含量达 0.000001mg，就可以从光谱中发现它的特征谱线，因而能够把它检查出来。光谱分析时只要把某种物质所生成的明线光谱和已知元素的标识谱线进行比较就可以知道这些物质是由哪些元素组成。

3. 化学分析法

（1）化学分析法的种类

化学分析是以化学反应为基础的分析方法，主要分为以下 4 种。

1）重量分析法：通常是使被测组分与试样中的其他组分分离后，转变为一种纯粹的、化学组成固定的化合物，称其重量，从而计算被测组分含量的一种分析方法。此法分析速度较慢，但准确度高，目前它在某些测定中仍作为标准方法。

2）滴定分析法（容量分析法）：将一种已知准确浓度的试剂溶液（即标准溶液）滴加到待测物质的溶液中，直到所滴加的试剂与待测物质按化学式计量关系定量反应为止，然后根据试液的浓度和体积，通过定量关系计算待测物质含量的方法。滴定分析法简便、快速，适于常量分析，准确度高，应用广泛。

3）比色法：许多物质的溶液是有颜色的，这些有色溶液颜色的深浅和溶液的浓度直接有关，溶液越浓，颜色越深。因此可通过比较溶液颜色的深浅来测定溶液中该种有色物质的浓度。这种方法称为比色分析法。如果比色分析测定是用肉眼进行观察的，则称目视比色分析法；如果比色分析测定是用光电比色计或用分光光度计来进行的，则这种测定方法就称为光电比色分析法或分光光度分析法，后两种方法由于采用了仪器，因而属于仪器分析法。

4）电导法：利用溶液的导电能力来进行定量分析的一种方法。

（2）常见元素的化学分析方法

1）含碳量的测定：测量钢中含碳量的方法很多，其原理都是首先在高温下将钢铁试样中的碳燃烧生成二氧化碳，然后再进行测定，如用氢氧化钾溶液吸收二氧化碳，从测得的二氧化碳的体积计算出碳含量的容积定碳法；用氢氧化钡溶液吸收二氧化碳，用醋酸标准液滴定过量氢氧化钡的容量法；用烧碱石棉吸收二氧化碳的重量法；以及电导法、非水滴定法、电弧法、真空冷凝法、感应炉燃烧红外吸收法、库仑滴定法等。其中气体容量定碳法是最为常用的方法。

2）含锰量的测定：测量钢中锰含量的方法有亚砷酸钠-亚硝酸钠容量法（过硫酸铁容量法）、磷酸-三价锰容量法、过硫酸盐比色法、过碘酸盐比色法、高氯酸法、火焰原子吸收光谱法、电位滴定法、电流滴定法、高锰酸钾滴定法等。其中容量法是测定钢中含锰量较常用方法。

3）含铬量的测定：测定钢铁中含铬量的方法主要有过硫酸铵银盐容量法、二苯卡巴肼比色法、二甲酚橙法、电位或目视滴定法、高锰酸钾滴定法、火焰原子吸收光谱法等。一般低合金钢常采用二苯卡巴肼比色法，高合金钢常采用容量法。

4）含钼量的测定：测量钢铁中含钼量的方法有硫氰酸盐直接比色法、硫氰酸盐萃取比色法、EDTA 容量法、硫化乙酰胺沉淀重量法、原子吸收光谱法、离子交换分离-8-羟基喹啉重量法等。其中硫氰酸盐直接比色法最为常用。

5）含钨量的测定：测定钢铁中含钨量的方法有硫氰酸盐直接比色法、对苯二酚比色法、氯化四苯砷盐-三氯甲烷萃取比色法、酸解重量法等。其中硫氰酸盐直接比色法最为常用。

6）含钒量的测定：测量钢铁中含钒量的方法有高锰酸钾氧化容量法、钽试剂-三氯甲烷萃取比色法、火焰原子吸收光谱法、电位滴定法、电流滴定法、硫酸亚铁铵滴定法等。其中容量法应用最广。

3.2.3　相关元素对材料性能的影响

1. 碳当量对材料性能的影响

决定灰铸铁性能的主要因素为石墨形态和金属基体的性能。当碳当量（$CE = C + 1/3Si$）较高时，石墨的数量增加，在孕育条件不好或有微量有害元素时，石墨形状恶化。这样的石墨使金属基体能够承受负荷的有效面积减少，而且在承受负荷时产生应力集中现象，使金属基体的强度不能正常发挥，从而降低铸铁的强度。在材料中珠光体具有好的强度、硬度，而铁素体则质地较软且强度较低。当随着 C、Si 的量提高，会使珠光体量减少，铁素体量增加。因此，碳当量的提高将在石墨形状和基体组织两方面影响铸铁铸件的抗拉强度和铸件实体的硬度。在熔炼过程控制中，碳当量的控制是解决材料性能的一个很重要的因素。

2. 合金元素对材料性能的影响

在灰铸铁中的合金元素主要是指 Mn、Cr、Cu、Sn、Mo 等促进珠光体生成元素，这些元素含量会直接影响珠光体的含量，同时由于合金元素的加入，在一定程度上细化了石墨，使基体中铁素体的量减少甚至消失，珠光体则在一定的程度上得到细化，而且其中的铁素体由于有一定量的合金元素而得到固溶强化，使铸铁总有较高的强度性能。在熔炼过程控制中，对合金的控制同样是重要的手段。

3. 炉料配比对材料的影响

过去我们一直坚持只要化学成分符合规范要求就应该能够获得符合标准机械性能材料的观点，而实际上这种观点所看到的只是常规化学成分，而忽略了一些合金元素和有害元素在其中所起的作用。如生铁是 Ti 的主要来源，因此生铁使用量的多少会直接影响材料中 Ti 的含量，对材料机械性能产生很大的影响。同样废钢是许多合金元素的来源，因此废钢用量对铸铁的机械性能的影响是非常直接的。在电炉投入使用的初期，我们一直沿用了冲天炉的炉料配比（生铁：25%～35%，废钢：30～35%）结果材料的机械性能（抗拉强度）很低，当我们意识到废钢的使用量会对铸铁的性能有影响时及时调整了废钢的用量之后，问题很快得到了解决，因此废钢在熔化控制过程中是一项非常重要的控制参数。因此炉料配比对铸铁材料的机械性能有着直接的影响，是熔炼控制的重点。

4. 微量元素对材料性能的影响

以往我们在熔炼过程中只注意常规五大元素对铸铁材质的影响，而对其他一些微量元素的作用仅仅只是一个定性的认识，却很少对他们进行定量的分析讨论，近年来，由于铸造技术的进步，熔炼设备也在不断地更新，冲天炉已逐渐被电炉所代替。电炉熔炼固然有其冲天炉不可比拟的优点，但电炉熔炼也丧失了冲天炉熔炼的一些优点，这样一些微量元素对铸铁的影响也就反映出来。由于冲天炉内的冶金反应非常强烈，炉料是处于氧化性很强的气氛中，绝大部分都被氧化，随炉渣一起排出，只有一少部分会残留在铁水中，因此一些对铸件有不利影响的微量元素通过冲天炉的冶金过程，一般不会对铸铁形成不利影响。在冲天炉的熔炼过程中，焦炭中的氮和空气中的氮气（N_2）在高温下，一部分分解后会以原子的形式溶入铁水中，使得铁水中的氮含量相对很高。

据统计自电炉投产以来，由于铅含量高造成的废品和因含铅量太高无法调整而报废的铁水不下百吨，而因含氮量不足造成的不合格品数量也相当高，造成很大的经济损失。

结合电炉熔炼的经验和理论，在电炉熔炼过程中重点微量元素主要有 N、Pb、Ti，这些元素对灰铸铁的影响主要有以下几方面：

（1）铅

当铁水中的铅含量较高时，尤其是与较高的含氢量相互作用，在厚大断面的铸件很容易形成魏氏石墨，这是因为树脂砂的保温性能好，铁水在铸型中冷却较慢（对厚大断面这种倾向更为明显），铁水处于液态保温时间较长，由于铅和氢的作用使铁水凝固比较接近于平衡状态下的凝固条件。当这类铸件凝固完毕，继续冷却时，奥氏体中的碳要析出，成为固态下的二次石墨。在正常情况下，二次石墨仅使共晶石墨片增厚，这对力学性能不会产生很大影响。但含氮和氢量高时，会使奥氏体同一定晶面上石墨表面能降低，使二次石墨沿着奥氏体一定晶面长大，伸入金属基体中，在显微镜下观察，在片状石墨片的侧面长出许多像毛刺一样的小石墨片，俗称石墨长毛，这就是魏氏石墨及形成原因。在铸铁中的铝能促使铁液吸氢，而增加其氢含量，因此铝对魏氏石墨的形成，也有间接的影响。

当铸铁中出现魏氏石墨时，对其力学性能影响很大，尤其是强度、硬度，严重时可降低 50% 左右。

魏氏石墨有以下金相特征：

1）在 100 倍的显微照片上，粗大的石墨片上附着许多刺状小石墨片，即为魏氏石墨。

2）同共晶片状石墨关系是相互连接的。

3）常温下成为魏氏石墨网络延伸入基体中，就成为基体脆弱面，会显著降低灰铸铁的力学性能。但从断面看，断裂裂纹仍是沿共晶片状石墨扩展的。

（2）氮

适量的氮能促进石墨形核，稳定珠光体，改善灰铸铁组织，提高灰铸铁的性能。

氮对灰铸铁的影响主要有两方面，一方面是对石墨形态的影响，另一方面是对基体组织的影响。氮对石墨形态的作用是一个非常复杂的过程。主要表现在：石墨表面吸附层的影响和共晶团尺寸大小的影响。由于氮在石墨中几乎不溶解，因此，在共晶凝固过程中氮不断吸附在石墨生长的前沿和石墨两侧，导致石墨在析出过程中，其周围浓度增高，尤其在石墨伸向铁水中的尖端时，影响液—固界面上的石墨生长。氮在共晶生长过程中石墨片尖端和两侧氮的浓度分布存在明显的差别。由于氮原子在石墨表面上的吸附层能够阻碍碳原子向石墨表面的扩散。石墨前沿的氮浓度比两侧高时，石墨长度方向的生长速度降低，相比之下，侧向生长就变得容易些，其结果使石墨变短、变粗。同时由于石墨生长过程中总会存在缺陷，氮原子的一部分被吸附在缺陷位置而不能扩散，将会在石墨长大的前沿上形成局部非对称倾斜晶界，其余部分仍按原方向长大，从而石墨产生分枝，石墨分枝的增加，是石墨变短的另一个原因。这样一来，由于石墨组织的细化，减小了其对基体组织的割裂作用，有利于铸铁性能的提高。氮对基体组织的影响作用，一是由于它是珠光体稳定元素，氮含量的增加，使铸铁共析转变温度降低。因此，当灰铸铁中含有一定量的氮时，能使共析转变过冷度增加，从而细化珠光体。另一方面是由于氮的原子半径比碳和铁都小，可以作为间隙原子固溶于铁素体和渗碳体中，使其晶格产生畸变。由于上述两方面的原因，氮能对基体产生强化作用。虽然氮可以提高灰铸铁的性能，但是，当其超过一定量时，会产生氮气孔和显微裂纹如图 2 所示，所以对氮的控制应是在一定范围内的控制。一般为 70～120PPm，当超过 180PPm 时铸铁的性能将会急剧下降。

（3）Ti

Ti 在铸铁中是属于一种有害元素，究其原因是钛与氮的亲和力较强，当灰铸铁中的钛含量较高时无益于氮的强化作用，首先与氮形成 TiN 化合物，这就减少了固溶于铸铁中的自由氮，事实上正是由于这种自由氮对灰铸铁起着固溶强化的作用。因此钛含量的高低间接地影响着灰铸铁的性能。

3.3 习题

一、单项选择题

1. 钢材的分类中,以下哪种不是按钢材脱氧程度分类的。(   )
A. 镇静钢　　　　　B. 半镇静钢　　　　　C. 优质钢　　　　　　D. 沸腾钢

2. 钢材按品质分,可分为普通钢、(   )、高级优质钢。
A. 合金钢　　　　　B. 优质钢　　　　　C. 不锈钢

3. 合金元素含量达(   )称之为低合金钢。
A. 3%以下　　　B. 4%以下　　　　　C. 5%以下　　　　　D. 6%以下

4. 单原子气体或金属蒸气所发的光波均有线状光谱,故线状光谱又称为(   )光谱。
A. 电子光谱　　　B. 分子光谱　　　　C. 原子光谱　　　　D. 离子光谱

5. 钢材元素化学分析中,以下(   )不属于锰含量的检测。
A. 过硫酸铵比色法　　　　　　　　B. 二甲酚橙法
C. 电流滴定法　　　　　　　　　　D. 高氯酸法

6. 碳含量达(   )称之为高碳钢。
A. 0.5%以下　　B. 0.6%以下　　　C. 0.5%以上　　　D. 0.6%以上

7. 利用火花检验,可以检验出(   )这种常见的合金元素。
A. 锰　　　　　B. 硫　　　　　　　C. 磷　　　　　　　D. 铬

8. 根据国家标准《钢铁产品牌号表示方法》,Q235AF 为哪种牌号的钢材
A. 屈服点为 235MPa 的碳素结构钢
B. 屈服点为 235MPa 的 A 级镇静钢
C. 屈服点为 235MPa 的 A 级沸腾钢
D. 屈服点为 235MPa 的 A 级半镇静钢

二、多项选择题

1. 钢材化学分析是以化学反应为基础的分析方法,主要分为以下(   )种。
A. 重量分析法　　B. 容量分析法　　　C. 比色法　　　　　D. 电导法

2. 光谱分析中,光谱按表现形式不同,可以分为以下(   )种光谱。
A. 点状光谱　　　B. 线状光谱　　　　C. 带状光谱　　　　D. 连续光谱

3. 钢结构工程应用中,(   )属于应用的主要钢材。
A. 低碳钢　　　　B. 中碳钢　　　　　C. 低合金钢　　　　D. 中合金钢

4. 钢材按外观结构分,可以分为钢板和型钢,(   )属于型钢。
A. 钢管　　　　　B. 工字钢　　　　　C. 角钢　　　　　　D. 槽钢

5. 钢材元素化学分析中,以下(   )属于铬含量的检测。
A. 过硫酸铵比色法　　　　　　　　B. 二甲酚橙法
C. 电流滴定法　　　　　　　　　　D. 高锰酸钾滴定法

三、简答题

1. 魏氏石墨有哪些金相特征?
2. 钢的化学成分分析按其任务可分哪几种分析,并阐明各分析常用的分析方法?
3. 碳当量对钢材材料性能有什么样的影响,试做简单的分析?

4. 化学分析方法的种类，并描述各方法的检测原理？

参考答案

一、单项选择题

1. C　2. B　3. C　4. C　5. B　6. D　7. A　8. C

二、多项选择题

1. ACD　2. BCD　3. AC　4. BCD　5. BD

三、简答题

1. 答案：（1）在 100 倍的显微照片上，粗大的石墨片上附着许多刺状小石墨片，即为魏氏石墨；（2）同共晶片状石墨关系是相互连接的；（3）常温下成为魏氏石墨网络延伸入基体中，就成为基体脆弱面，会显著降低灰铸铁的力学性能。但从断面看，断裂裂纹仍是沿共晶片状石墨扩展的。

2. 答案：钢的化学成分分析按其任务可分为定性分析和定量分析。定性分析的是鉴定钢材所含的组分，例如所含的元素，常用的分析方法有火花检验法和光谱分析法，一般在生产现场常使用；定量分析是测定各组分的相对含量，最传统且较准确的方法是化学分析法，一般在实验室里进行。

3. 答案：决定灰铸铁性能的主要因素为石墨形态和金属基体的性能。当碳当量较高时，石墨的数量增加，在孕育条件不好或有微量有害元素时，石墨形状恶化。这样的石墨使金属基体能够承受负荷的有效面积减少，而且在承受负荷时产生应力集中现象，使金属基体的强度不能正常发挥，从而降低铸铁的强度。在材料中珠光体具有好的强度、硬度，而铁素体则质地较软而且强度较低。当随着 C、Si 的量提高，会使珠光体量减少，铁素体量增加。因此，碳当量的提高将在石墨形状和基体组织两方面影响铸铁铸件的抗拉强度和铸件实体的硬度。在熔炼过程控制中，碳当量的控制是解决材料性能的一个很重要的因素。

4. 答案：化学分析是以化学反应为基础的分析方法，主要分为重量分析法、滴定分析法（容量分析法）、比色法和电导法。（1）重量分析法：通常是使被测组分与试样中的其他组分分离后，转变为一种纯粹的、化学组成固定的化合物，称其重量，从而计算被测组分含量的一种分析方法。（2）滴定分析法（容量分析法）：将一种已知准确浓度的试剂溶液（即标准溶液）滴加到待测物质的溶液中，直到所滴加的试剂与待测物质按化学式计量关系定量反应为止，然后根据试液的浓度和体积，通过定量关系计算待测物质含量的方法。（3）比色法：可通过比较溶液颜色的深浅来测定溶液中该种有色物质的浓度，这种方法称为比色分析法。（4）电导法：利用溶液的导电能力来进行定量分析的一种方法。

第4章　钢材厚度检测

在很多情况下，在构件横截面或外侧无法用游标卡尺直接测量厚度时，这时就需要采用超声波原理测量钢结构构件的厚度。

脉冲反射式测厚仪从原理上来说是测量超声波脉冲在材料中的往返传播时间 t，即：$d=c\times t/2$。如果声速 c 已知，那么，测得超声波脉冲在材料中的往返传播时间 t，就可求得材料厚度 d。这种测厚仪可利用表头或数字管直接表示厚度，使用极为方便。探头发出的超声波进入工件，在工件上下两面形成多次反射。反射波经过压电片再变成电信号，经放大器放大，由计算电路测出声波在两面间的传播时间 t，最后再换算成厚度显示出来。同时需要注意的是，由于耦合不良、探头磨损等原因，超声测厚仪的测量误差往往比直接用游标卡尺的大。

4.1　检测设备

4.1.1　概述

超声波测厚仪（图 4-1）时根据超声波脉冲发射原理来进行厚度测量的，当探头发射的超声波脉冲通过被测物体到达材料分界面时，脉冲被反射回探头，通过精确测量超声波在材料中传播的时间来确定被测材料的厚度。超声波测厚仪主要有主机和探头两部分组成。主机电路包括发射电路、接收电路、计数显示电路三部分，由发射电路产生的高压冲击波激励探头，产生超声波发射脉冲波，脉冲波经介质界面发射后被接收电路接收，通过单片机计数处理后，经液晶显示器厚度数值。

超声波测厚仪由于操作方便，测量快捷准确，可以测量金属及其他多种材料的厚度，且可以对声速进行测量，广泛用于各种板材、管材壁厚、锅炉容器壁厚及其局部腐蚀、锈蚀的情况，在冶金、造船、机械、化工、电力、钢结构等各工业部门的产品检验中广泛应用。

图 4-1　超声波测厚仪

4.1.2　技术参数

管材测量的下限决定了超声波传感器和探头的型号。超声测厚仪的测量范围可达 $0.6\sim300\text{mm}$，可以测量的声速范围为 $500\sim9999\text{m/s}$，建议在以下环境中使用：$-20\sim50℃$、$10\%\sim90\%\text{RH}$。被测件厚度小于 99.99mm 时超声波测厚仪的分辨率为 0.01mm；大于 99.99mm 时为 0.1mm。

超声波测厚仪的主要技术指标应符合表 4-1 的规定。同时超声测厚仪应随机配有校准用的标准块。

超声波测厚仪的主要技术指标　　　　　　　　　　　　表 4-1

项目	技术指标
显示最小单位	0.1mm
工作频率	5MHz
测量范围	板材 1.2～200mm，管材下限，$\phi20\times3$
测量误差	$\pm(\delta/100+0.1)$ mm，δ 为被测控件的厚度
灵敏度	能检出距探测面 80mm，直径 2mm 的平底孔

以 TT100 超声波测厚仪为例，其性能指标如下：

测量范围：1.2～225.0mm；管材测量下限：20mm×3.0mm；

测量误差：$\pm(1\%t+0.1)$mm，t 为被测物实际厚度；被测物表面温度：$-10\sim60℃$；

操作时间：250h；外形尺寸：126mm×68mm×23mm；重量：170g。

4.1.3　注意事项

1. 正确选用测厚探头：

（1）选用小管径专用探头可精确的测量管道等曲面材料。

（2）对于晶粒粗大的铸件和奥氏体不锈钢等，应选用频率较低的粗晶专用探头。

（3）测高温工件时，应选用高温专用探头（300～600℃），切勿使用普通探头。

2. 通过砂、磨、锉等方法对表面进行处理，降低粗糙度，同时也可以将氧化物及油漆去掉，露出金属光泽，使探头与被检物通过耦合剂能达到很好的耦合效果。

3. 在测量前要清楚被测物是何种材料，正确预置声速。对于高温工件，可根据实际温度，按修正后的声速预置，也可按常温测量后将厚度值予以修正。

4. 应根据使用情况选择合适的耦合剂种类，当用在光滑材料表面时，可以使用低黏度的耦合剂；当用在粗糙表面、垂直表面及顶表面时，应使用黏度高的耦合剂；高温工件应选用高温耦合剂。

4.2　检测步骤

在对钢结构钢材厚度进行检测前，应清除表面油漆层、氧化皮、锈蚀等，并打磨至露出金属光泽。

检测前应预设声速，并应用随机标准块对仪器进行校准，经校准后方可进行测试。

将耦合剂涂于被测处，耦合剂可用机油、化学浆糊等。在测量小直径管壁厚度或工件表面较粗糙时，可选用黏度较大的甘油。

钢材的厚度应在构件的 3 个不同部位进行测量，取 3 处测试值的平均值作为钢材厚度的代表值。

将探头与被测构件耦合即可测量，接触耦合时间宜保持 1～2s。在同一位置宜将探头转过 90°后作二次测量，取二次的平均值作为该部位的代表值。在测量管材壁厚时，宜使探头中间的隔声层与管子轴线平行。

测厚仪使用完毕后，应擦去探头及仪器上的耦合剂和污垢，保持仪器的清洁。

4.3　检测实例

　　吉首市某污水管道厚度检测。污水管如图 4-2、图 4-3 所示。污水管厚度超声波检测结果见表 4-2。

图 4-2　污水管（1）　　　　　　　　　　图 4-3　污水管（2）

污水管厚度超声波检测结果表　　　　　　　　　　表 4-2

工件名称	钢管	检件编号		材质	Q345B
仪器型号	HS610E	厚度	20mm	探头规格	2.5P9×9 K2.5
表面状态和补偿	修整+3dB	耦合剂	机油	试块	/
测点编号	第一次测量厚度		第二次测量厚度		厚度平均值
1	20.85		20.94		20.90
2	20.87		21.00		20.94
3	20.72		19.85		20.29
试件厚度代表值为：20.71mm					

第5章 外观质量检测

5.1 外观质量检测方法

外观质量检测可采用直接目视检测，必要时采用辅助工具配合。

直接目视检测时，眼睛与被检工件表面的距离不得大于 600mm，视线与被检工件表面所成的夹角不得小于 30°，并宜从多个角度对工件进行观察。对细小缺陷进行鉴别时，可使用 2～6 倍的放大镜。对焊缝的外形尺寸可用焊缝检验尺进行测量。焊缝检验尺由主尺、多用尺和高度标尺构成，可用于测量焊接母材的坡口角度、间隙、错位及焊缝高度、焊缝宽度和角焊缝高度。

被测工件表面的照明亮度不宜低于 160lx；当对细小缺陷进行鉴别时，照明亮度不得低于 540lx。

5.2 外观质量检测要求

（1）钢材表面不应有裂纹、折叠、夹层，钢材端边或断口处不应有分层、夹渣等缺陷。

（2）当钢材的表面有锈蚀、麻点或划伤等缺陷时，其深度不得大于该钢材厚度负偏差值的 1/2。

（3）焊缝外观质量的目视检测应在焊缝清理完毕后进行，焊缝及焊缝附近区域不得有焊渣及飞溅物。焊缝焊后目视检测的内容应包括焊缝外观质量、焊缝尺寸，其外观质量及尺寸允许偏差应符合现行国家标准《钢结构工程施工质量验收规范》GB 50205 的有关规定。

（4）高强度螺栓连接副终拧后，螺栓丝扣外露应为 2～3 扣，其中允许有 10% 的螺栓丝扣外露 1 扣或 4 扣；扭剪型高强度螺栓连接副终拧后，未拧掉梅花头的螺栓数不宜多于该节点总螺栓数的 5%。

（5）涂层不应有漏涂，表面不应存在脱皮、泛锈、龟裂和起泡等缺陷，不应出现裂缝，涂层应均匀、无明显皱皮、流坠、乳突、针眼和气泡等，涂层与钢基材之间和各涂层之间应粘接牢固，无空鼓、脱层、明显凹陷、粉化松散和浮浆等缺陷。

5.3 焊缝外观质量检测

5.3.1 焊缝分类

根据产品构件的受力情况以及重要性，把焊缝分为 A、B、C、D 四大类。具体分类见表 5-1。

焊缝分类   表 5-1

焊缝区分	焊缝类别		适用部位及例子
焊缝类型	对接焊缝及角焊缝	A	承受动载、冲击载荷，直接影响产品的安全及可靠性，作为高强度结构件的焊缝（如：泵车臂架、支腿、布料杆立柱、挖掘机动臂、料斗等）
		B	承受高压的焊缝（如：液压油缸、高压油管等焊缝）
		C	受力较大、影响产品外观质量或低压密封类焊缝（如：泵送公司付梁、料斗、油箱、水箱等焊缝）
		D	承载很小或不承载，不影响产品的安全及外观质量的焊缝

5.3.2 焊缝质量等级

焊缝外观质量检验要求表中所列项目，每个项目分三个等级：其中Ⅰ级为优秀，Ⅱ级为良好，Ⅲ级为合格。

5.3.3 焊缝外观质量检验规则

（1）焊缝按对接焊缝和角接焊缝的外观质量要求分别进行检验。

（2）质量检验部门按图样、工艺文件上规定的焊缝类别和质量等级，对焊接件是否合格进行检查和验收。

5.3.4 焊缝外观质量检验项目和要求

对接焊缝见表 5-2，角接焊缝见表 5-3。

对接焊缝外观质量检验项目和要求   表 5-2

编号	项目	项目说明（图示）	质量等级	焊缝类型			
				A	B	C	D
1	表面气孔	表面气孔	Ⅰ	不允许		可视面不允许，非可视面允许单个小的气孔，气孔直径 $d \leqslant 0.25t \leqslant 1.5$	
			Ⅱ				
			Ⅲ				
2	表面夹渣	表面夹渣	Ⅰ	不允许			
			Ⅱ	不允许		50 焊缝长度上，只允许单个夹渣，且直径不大于 1/4 板厚，最大不超过 2（密封焊缝不允许夹渣）	50 焊缝长度上，只允许单个夹渣，且直径不大于 1/4 板厚，最大不超过 3
			Ⅲ	不允许		50 焊缝长上，只允许单个夹渣，且直径不大于 1/3 板厚，最大不超过 3（封焊缝不允许夹渣）	50 焊接长上，只允许单个夹渣，且直径不大于 1/3 板厚，最大不超过 4
3	飞溅	沿焊缝方向 100×50 中 $\Phi1$ 以上的飞溅数量	Ⅰ	不允许		可视面不允许有飞溅，非可视面在 100×50 的范围内，$\Phi1$ 以上的飞溅数量不超过一个	
			Ⅱ				
			Ⅲ				

续表

编号	项目	项目说明（图示）	质量等级	焊缝类型 A	B	C	D
4	裂纹	在焊缝金属及热影响区内的裂纹	I	不允许			
			II				
			III				
5	弧坑缩孔	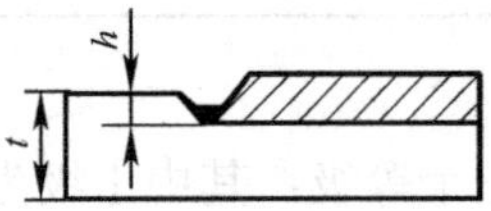	I	不允许			
			II	不允许			① $0.5≤t≤3$ 之间，弧坑深度 $h≤0.2δ$；② $t≥3$，弧坑深度 $a≤0.1h≤2$
			III				
6	电弧擦伤	由于在坡口外引弧或起弧而造成焊缝邻近母材表面处局部损伤 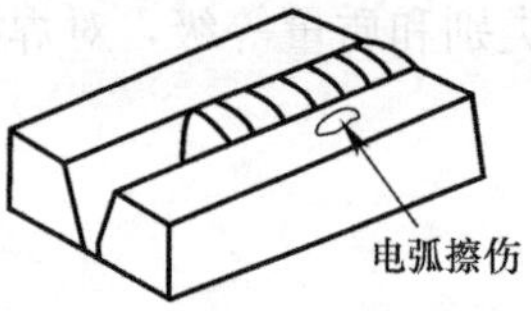	I	不允许在焊缝接头的外面及母材表面			
			II	不允许在焊缝接头的外面及母材表面		局部出现应打磨，打磨后呈光滑过渡，打磨处的实际板厚不小于设计规定的最小值	
			III	局部出现应打磨，打磨后呈光滑过渡，打磨后实际板厚不小于设计规定的最小值			
7	焊缝成形		I	焊缝与母材圆滑过渡，焊波均匀、细密，接头匀直			
			II	焊缝与母材圆滑过渡，匀直，接头良好			
			III	焊缝与母材圆滑过渡，接头良好			
8	焊缝余高	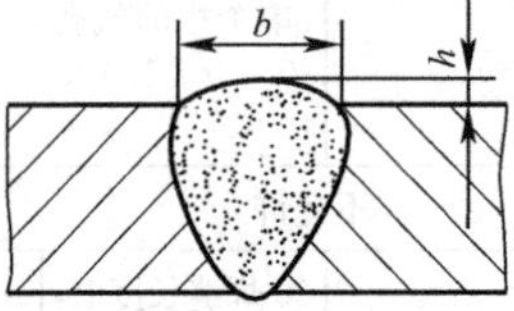	I	$h≤1+0.05b$ 允许局部超过	$h≤1+0.1b$	$h≤1+0.1b$	$h≤1+0.15b$
			II	$h≤1+0.1b$	$h≤1+0.1b$ 允许局部微小超过	$h≤1+0.15b$ 允许局部微小超过	$h≤1+0.2b$ 允许局部微小超过
			III	$h≤1+0.15b$	$h≤1+0.15b$ 允许局部超过	$h≤1.2+0.15b$ 允许局部超过	$h≤1+0.2b$ 允许局部超过
9	未焊满及凹坑	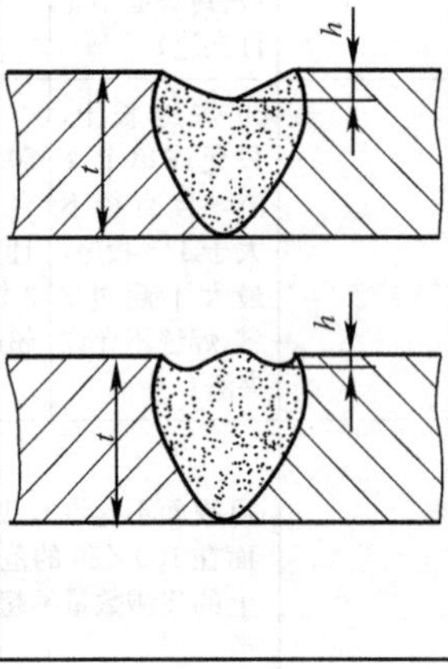	I	不允许			$h<0.2+0.02t≤0.6$ 总长度不超过焊缝全场的15%
			II	不允许		$h<0.2+0.03t≤0.5$ 总长度不超过焊缝全长的10%	$h<0.2+0.04t≤1.0$ 总长度不超过焊缝全长的15%
			III	不允许		$h<0.2+0.04t≤1.0$ 总长度不超过焊缝全长的15%	$h<0.2+0.06t≤1.5$ 总长度不超过焊缝全长的20%

编号	项目	项目说明（图示）	质量等级	焊缝类型 A	B	C	D
10	错边	① 单面焊缝 ② 双面焊缝 	I ①	$h \leqslant 0.10t \leqslant 0.5$	$h \leqslant 0.10t \leqslant 1$	$h \leqslant 0.10t \leqslant 1$	$h \leqslant 0.10t \leqslant 1.5$
			I ②	$h \leqslant 0.10t \leqslant 1$	$h \leqslant 0.10t \leqslant 1.5$	$h \leqslant 0.10t \leqslant 2$	$h \leqslant 0.10t \leqslant 2$
			II ①	$h \leqslant 0.10t \leqslant 1.5$	$h \leqslant 0.10t \leqslant 1.5$	$h \leqslant 0.15t \leqslant 1.5$	$h \leqslant 0.15t \leqslant 2$
			II ②	$h \leqslant 0.10t \leqslant 2$	$h \leqslant 0.10t \leqslant 2$	$h \leqslant 0.15t \leqslant 3$	$h \leqslant 0.15t \leqslant 3$
			III ①	$h \leqslant 0.15t \leqslant 2$	$h \leqslant 0.15t \leqslant 2$	$h \leqslant 0.15t \leqslant 2$	$h \leqslant 0.15t \leqslant 3$
			III ②	$h \leqslant 0.15t \leqslant 3$	$h \leqslant 0.15t \leqslant 3$	$h \leqslant 0.2t \leqslant 3$	$h \leqslant 0.2t \leqslant 4$
11	焊瘤		I	不允许			
			II	总长度不超过焊缝全长的5%，单个焊瘤深度 $h \leqslant 0.3$			
			III	总长度不超过焊缝全长的10%以内，单个焊瘤深度不超过 $h \leqslant 0.3$			
12	咬边		I	不允许	不允许	$h \leqslant 0.03t \leqslant 0.5$ 总长度不超过焊缝全长的10%	
			II	$h \leqslant 0.03t \leqslant 0.5$ 总长度不超过焊缝全长的10%		$h \leqslant 0.03t \leqslant 0.5$ 总长度不超过焊缝全长的15%	
			III	$h \leqslant 0.03t \leqslant 0.5$ 总长度不超过焊缝全长的20%		$h \leqslant 0.03t \leqslant 0.5$ 总长度不超过焊缝全长的20%	
13	焊缝沿长度方向宽窄差		I				
			II	任意300mm内：① $C \leqslant 20$，$\Delta C \leqslant 2.5$； ② $20 < C \leqslant 30$，$\Delta C \leqslant 3$； ③ $C > 30$，$\Delta C \leqslant 4$； 且在整个焊缝长度范围内不大于5			
			III				
14	焊缝宽度尺寸偏差	 C_1为实际焊缝宽度，C为设计焊缝宽度	I	① $C \leqslant 20$，$\Delta C = 0 \sim 2$； ② $20 < C \leqslant 30$，$\Delta C = 0 \sim 2.5$； ③ $C > 30$，$\Delta C = 0 \sim 3$			
			II				
			III	① $C \leqslant 20$，$\Delta C = 0 \sim 3$； ② $20 < C \leqslant 30$，$\Delta C = 0 \sim 4$； ③ $C > 30$，$\Delta C = 0 \sim 5$			
15	焊缝边线直线度	 f 为任意300焊缝内，焊缝边缘沿轴向的直线长度	I	$f \leqslant 1.5$		$f \leqslant 2$	
			II	$f \leqslant 2$		$f \leqslant 2.5$	
			III	$f \leqslant 2.5$		$f \leqslant 3$	

续表

编号	项目	项目说明（图示）	质量等级	焊缝类型 A	B	C	D
16	焊缝表面凹凸	$g=H_{max}-H_{min}$　25　H_{max}　H_{min} 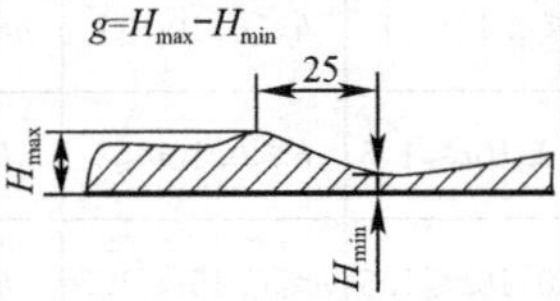 g 为任意 25 焊缝长度范围内，焊缝余高 $H_{max}-H_{min}$ 的差值	Ⅰ	$g\leqslant 1$			$g\leqslant 1.5$
			Ⅱ	$g\leqslant 1.5$			$g\leqslant 2$
			Ⅲ	$g\leqslant 2$			$g\leqslant 2.5$
17	根部收缩（缩沟）	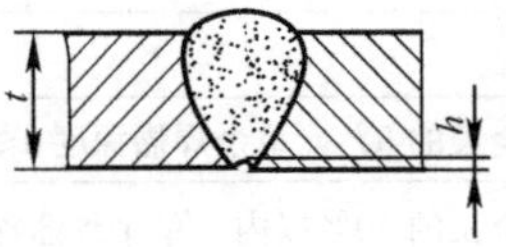 t　h	Ⅰ	不允许	不允许	不允许	不允许
			Ⅱ	不允许	$h\leqslant 0.2+0.02t\leqslant 0.5$，总长度不超过焊缝全长的 10%，局部 $h\leqslant 0.6$	$h\leqslant 0.2+0.02t\leqslant 0.5$，总长度不超过焊缝全长的 10%，局部 $h\leqslant 0.8$	$h\leqslant 0.2+0.02t\leqslant 0.6$，总长度不超过焊缝全长的 10%，局 17 部 $h\leqslant 1$
			Ⅲ	$h\leqslant 0.2+0.02t\leqslant 0.6$，总长度不超过焊缝全长的 10%	$h\leqslant 0.2+0.04t\leqslant 0.8$，总长度不超过焊缝全长的 10%，局部 $h\leqslant 1$	$h\leqslant 0.2+0.04t\leqslant 0.8$，总长度不超过焊缝全长的 10%，局部 $h\leqslant 1.2$	$h\leqslant 0.2+0.06t\leqslant 1$，总长度不超过焊缝全长的 10%，局部 $h\leqslant 1.5$
18	未焊透	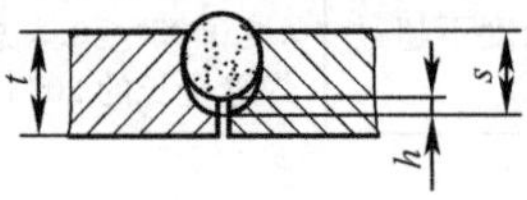 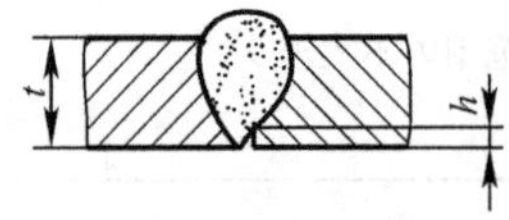 t　s　h t　h	Ⅰ	不允许	不允许	不允许	不允许
			Ⅱ	不允许	不允许	不允许	不可有可测出的连续缺陷，局部缺陷 $h\leqslant 0.05t\leqslant 1$，总长度不超过焊缝全长的 10%
			Ⅲ	不允许	不允许	不可有可测出的连续缺陷，局部缺陷 $h\leqslant 0.1t\leqslant 1.5$，总长度不超过焊缝全的 10%	不可有可测出的连续缺陷，局部缺陷 $h\leqslant 0.05t\leqslant 2$，总长度不超过焊缝全长的 10%
19	未融合	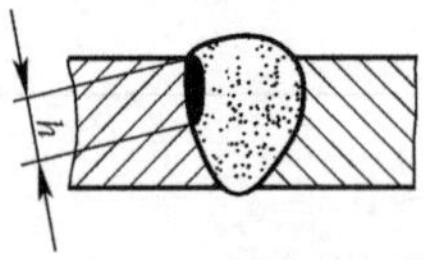 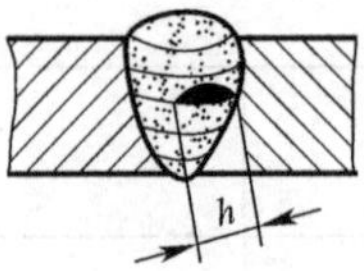 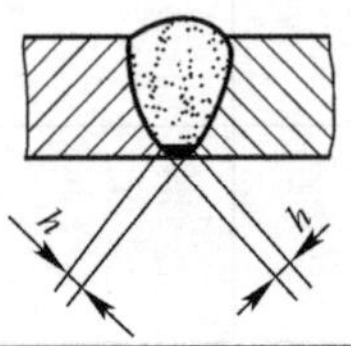 h h h　h	Ⅰ	不允许	不允许	不允许	不允许
			Ⅱ	不允许	不允许	不允许	$n\leqslant 0.4s\leqslant 4$，总长度不超过焊缝全长的 10%
			Ⅲ	不允许	不允许	$h\leqslant 0.4s\leqslant 4$，总长度不超过焊缝全长的 10%	$h\leqslant 0.4s\leqslant 4$，总长度不超过焊缝全长的 10%

编号	项目	项目说明（图示）	质量等级	焊缝类型 A	B	C	D
20	根部下榻		I	$h\leq1+0.1b<2$	$h\leq1+0.2b<3$	$h\leq1+0.3b<3$	$h\leq1+0.1b<3$
			II	$h\leq1+0.2b<3$	$h\leq1+0.3b$ 允许局部微小超出，但 $h<3$	$h\leq1+0.4b<5$	$h\leq1+0.2b<4$
			III	$h\leq1+0.3b<4$	$h\leq1+0.4b$ 允许局部超过，但 $h<4$	$h\leq1+0.8b<5$	$h\leq1+0.6b<5$

角接焊缝外观质量检验项目和要求　　　　　表 5-3

编号	项目	项目说明（图示）	质量等级	焊缝类型 A/B	C	D
1	焊缝超厚	角焊缝实际有效厚度过大，a 为设计要求厚度 	I	$h\leq1+0.1a\leq3$	$h\leq1+0.1a\leq3$	$h\leq1+0.15a\leq3$
			II	$h\leq1+0.15a\leq3$	$h\leq1+0.15a\leq3$	$h\leq1+0.2a\leq3$
			III	$h\leq1+0.15a\leq4$	$h\leq1+0.15a\leq4$	$h\leq1+0.2a\leq4$
2	焊缝减薄	角焊缝实际有效厚度不足，a 为设计要求厚度 	I	不允许	不允许	不允许
			II	不允许	不允许	不允许
			III	不允许	$h\leq0.3+0.035a$ ≤1，总长度不超过焊缝全长的 20%	$h\leq0.3+0.035a$ ≤1，总长度不超过焊缝全长的 20%
3	凸度过大或凹度过大		I	$h\leq1+0.06a\leq3$	$h\leq1+0.06a\leq3$	$h\leq1+0.06a\leq3$
			II	$h\leq1+0.10a\leq3$	$h\leq1+0.12a\leq4$	$h\leq1+0.15a\leq4$
			III	$h\leq1+0.15a\leq3$	$h\leq1+0.15a\leq4$	$h\leq1+0.20a\leq5$

编号	项目	项目说明(图示)	质量等级	焊缝类型		
				A/B	C	D
4	不等边 h		Ⅰ	$h\leqslant0.5+0.1Z$	$h\leqslant0.5+0.1Z$	$h\leqslant1+0.15Z$
			Ⅱ	$h\leqslant1+0.1Z$	$h\leqslant1+0.15Z$	$h\leqslant1.5+0.15Z$
			Ⅲ	$h\leqslant1+0.1Z$	$h\leqslant1+0.15Z$，允许局部超过	$h\leqslant2+0.15Z$，允许局部超过
5	焊脚尺寸 K	①贴角焊 ②坡口角焊	Ⅰ Ⅱ Ⅲ	① $K_1=t_{min}+\mid2\sim3\mid$；② $K_2=H+\mid1.5\sim2.0\mid$；$0.25t_{min}\leqslant K_3\leqslant t_{min}+1.5$；$H$ 表示坡口开口尺寸，t_{min} 表示两板间的最小板厚	① $K_1=t_{min}+\mid2\sim4\mid$；② $K_2=H+\mid1.5\sim2.5\mid$；$0.25t_{min}\leqslant K_3\leqslant t_{min}+2.0$；$H$ 表示坡口开口尺寸，t_{min} 表示两板间的最小板厚	① $K_1=t_{min}+\mid2\sim4\mid$；② $K_2=H+\mid1.5\sim3.0\mid$；$0.25t_{min}\leqslant K_3\leqslant t_{min}+2.5$；$H$ 表示坡口开口尺寸，t_{min} 表示两板间的最小板厚
6	焊缝宽窄差 ΔC	$\Delta C=C_{max}-C_{min}$	Ⅰ Ⅱ Ⅲ	① $C\leqslant20$，$\Delta C<3$ ② $20<C\leqslant30$，$\Delta C<4$ ③ $C>30$，$\Delta C<5$		
7	焊缝宽度尺寸偏差 ΔC	$\Delta C=C_2-C_1$ C_1 为设计焊缝宽度 C_2 为实际焊缝宽度	Ⅰ Ⅱ Ⅲ	① $C_1\leqslant20$，$\Delta C=-1\sim2$ ② $20<C_1\leqslant30$，$\Delta C=-1\sim3$ ③ $C>30$，$\Delta C=-2\sim2$	① $C_1\leqslant20$，$\Delta C=-1\sim2$ ② $20<C_1\leqslant30$，$\Delta C=-1\sim3$ ③ $C>30$，$\Delta C=-2\sim3$	① $C_1\leqslant20$，$\Delta C=-1\sim2$ ② $20<C_1\leqslant30$，$\Delta C=-2\sim3$ ③ $C>30$，$\Delta C=-2\sim4$
8	焊缝边缘直线度 f	300	Ⅰ	$f\leqslant1.5$	$f\leqslant2$	$f\leqslant2$
			Ⅱ	$f\leqslant2$	$f\leqslant2.5$	$f\leqslant2.5$
			Ⅲ	$f\leqslant2.5$	$f\leqslant3$	$f\leqslant3$

编号	项目	项目说明（图示）	质量等级	焊缝类型		
				A/B	C	D
9	焊缝表面凹凸	$\Delta h = h_{max} - h_{min}$	Ⅰ	$\Delta h \leqslant 1$	$\Delta h \leqslant 1.5$	$\Delta h \leqslant 1.5$
			Ⅱ	$\Delta h \leqslant 1.5$	$\Delta h \leqslant 2$	$\Delta h \leqslant 2$
			Ⅲ	$\Delta h \leqslant 2$	$\Delta h \leqslant 2.5$	$\Delta h \leqslant 2.5$
10	咬边	焊缝与母材之间的凹槽	Ⅰ	不允许	连续缺陷深度 $h \leqslant 0.2$，局部缺陷深度 $h \leqslant 0.2$，且总长度不超过焊缝全长的 10%	连续缺陷深度 $h \leqslant 0.3$，局部缺陷深度 $h \leqslant 0.3$，且总长度不超过焊缝全长的 10%
			Ⅱ	连续缺陷深度 $h \leqslant 0.3$，局部缺陷深度 $h \leqslant 0.3$，且总长度不超过焊缝全长的 10%	连续缺陷深度 $h \leqslant 0.3$，局部缺陷深度 $h \leqslant 0.3$，且总长度不超过焊缝全长的 15%	连续缺陷深度 $h \leqslant 0.4$，局部缺陷深度 $h \leqslant 0.4$，且总长度不超过焊缝全长的 15%
			Ⅲ	连续缺陷深度 $h \leqslant 0.4$，局部缺陷深度 $h \leqslant 0.4$，且总长度不超过焊缝全长的 20%	连续缺陷深度 $h \leqslant 0.4$，局部缺陷深度 $h \leqslant 0.4$，且总长度不超过焊缝全长的 20%	连续缺陷深度 $h \leqslant 0.5$，局部缺陷深度 $h \leqslant 0.5$，且总长度不超过焊缝全长的 20%
11	焊瘤		Ⅰ	不允许		
			Ⅱ	总长度不超过焊缝全长的 5%，单个焊瘤深度 $h \leqslant 0.3$ 内		
			Ⅲ	总长度不超过焊缝全场的 10%，单个焊瘤深度 $h \leqslant 0.3$ 内		
12	表面气孔夹渣		Ⅰ	不允许	不允许	不允许
			Ⅱ	不允许	在 50 焊缝长度上，单个缺陷 $d \leqslant 0.25t \leqslant 2$，缺陷总尺寸不超过 4	在 50 焊缝长度上，单个缺陷 $d \leqslant 0.25t \leqslant 3$，缺陷总尺寸不超过 4
			Ⅲ	不允许	在 50 焊缝长度上，单个缺陷 $d \leqslant 0.25t \leqslant 3$，缺陷总尺寸不超过 6	在 50 焊缝长度上，单个缺陷 $d \leqslant 0.25t \leqslant 4$，缺陷总尺寸不超过 6
13	弧坑缩孔	弧坑缩孔	Ⅰ	不允许	不允许	不允许
			Ⅱ	不允许	不允许	单个小的只允许出现在焊缝上
			Ⅲ	单个小的只允许出现在焊缝上	单个小的只允许出现在焊缝上	单个小的只允许出现在焊缝和母材上

续表

编号	项目	项目说明	质量等级	焊缝类型		
				A/B	C	D
14	裂纹	在焊缝金属及热影响区内的裂纹	I	不允许		
			II			
			III			
15	电弧擦伤	由于在坡口外引弧或起弧而造成焊缝邻近母材表面处局部损伤	I	不允许在焊缝接头的外面及母材表面		
			II	不允许在焊缝接头的外面及母材表面	局部出现应打磨，打磨后呈光滑过渡，打磨处的实际板厚不小于设计规定的最小值	
			III	局部出现应打磨，打磨后呈光滑过渡，打磨处的实际板厚不小于设计规定的最小值		
16	焊缝成形		I	焊缝与母材圆滑过渡，焊缝均匀、细密，接头匀直		
			II	焊缝与母材圆滑过渡，匀直，接头良好		
			III	焊缝与母材圆滑过渡，匀直，接头良好		

5.4　检测实例

长沙县某食品加工厂单层工业厂房柱翼缘对接焊缝及节点板对接焊缝外观质量检测。对接焊缝如图 5-1、图 5-2 所示。检测结果见表 5-4。

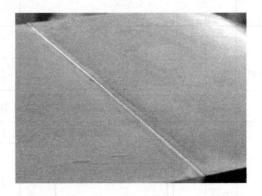

图 5-1　钢板对接焊缝（1）　　　图 5-2　钢板对接焊缝（2）

焊缝外观质量及尺寸检测报告　　　　　表 5-4

工程名称	某包装装饰有限公司 1 号车间	母材规格	10mm
施工单位	—	委托人	—
监理单位	—	抽样人	—
焊缝种类	对接焊缝	检测日期	
焊缝等级	二级	委托日期	
设计有无疲劳验算	无	报告日期	
实验室地址	威海市环翠区戚家夼路 5 号	检测依据	GB 50205—2001
抽样比例	每批同类构件抽样 10%，且不应少于 3 条	检测设备	焊接检验尺

	检测项目			
	规范要求	焊缝编号	检测结果	单项评定
焊缝外观质量	焊缝表面不得有裂纹、焊瘤等缺陷。一级、二级焊缝不得有表面气孔、夹渣、弧坑裂纹、电弧擦伤等缺陷。且一级焊缝不得有咬边、未焊满、根部收缩等缺陷	1	焊缝表面无裂纹、焊瘤、气孔、夹渣、弧坑裂纹、电弧擦伤等缺陷	合格
		2	焊缝表面无裂纹、焊瘤、气孔、夹渣、弧坑裂纹、电弧擦伤等缺陷	合格
		3	焊缝表面无裂纹、焊瘤、气孔、夹渣、弧坑裂纹、电弧擦伤等缺陷	合格
		—	—	—
		—	—	—
		—	—	—

	规范要求	允许偏差	焊缝编号	检测结果	单项评定
焊缝尺寸	T形接头、十字接头、角接接头等要求熔透的对接和角对接组合焊缝，其焊脚尺寸不应少于$t/4$；设计有疲劳验算要求的吊车梁或类似构件的腹板与上翼缘连接焊缝的焊脚尺寸为$t/2$，且不应大于10mm	0～4mm	1	6mm	合格
			2	6mm	合格
			3	6mm	合格
			—	—	—
			—	—	—
			—	—	—

检测结论	依据《钢结构工程施工质量验收规范》GB 50205—2001，所检焊缝外观质量及尺寸均合格
	检测单位：（盖章）
	—

5.5 习题

一、单项选择题

1. 直接目视检测时，眼睛与被检工件表面的距离不得大于（　　）mm。

A. 500　　　　　　B. 600　　　　　　C. 700　　　　　　D. 800

2. 直接目视检测时，视线与被检工件表面所成的夹角不得小于（　　）度。

A. 25　　　　　　B. 30　　　　　　C. 35　　　　　　D. 40

3. 当钢材的表面有锈蚀、麻点或划伤等缺陷时，其深度不得大于该钢材厚度负偏差值的（　　）。

A. 1/4　　　　　B. 1/3　　　　　C. 1/2　　　　　D. 1/5

二、多项选择题

1. 钢材表面不应有（　　）、（　　）、夹层，钢材端边或断口处不应有分层、夹渣等缺陷。

A. 裂纹　　　　　B. 凹凸　　　　　C. 折叠　　　　　D. 麻面

2. 高强度螺栓连接副终拧后，螺栓丝扣外露应为2～3扣，其中允许有（　　）的螺栓丝扣外露1扣或4扣；扭剪型高强度螺栓连接副终拧后，未拧掉梅花头的螺栓数不宜多于该节点总螺栓数的（　　）。

A. 5%　　　　　B. 10%　　　　　C. 15%　　　　　D. 20%

参考答案

一、单项选择题

1. B　2. B　3. C

二、多项选择题

1. AC　2. BA

第6章 表面质量的磁粉检测

6.1 磁粉检测

外加磁场对工件（只能是铁磁性材料）进行磁化，被磁化后的工件上若不存在缺陷，则它各部位的磁特性基本一致，而存在裂纹、气孔或非金属物夹渣等缺陷时，由于它们会在工件上造成气隙或不导磁的间隙，使缺陷部位的磁阻大大增加，工件内磁力线的正常传播遭到阻隔，根据磁连续性原理，这时磁化场的磁力线就被迫改变路径而逸出工件，并在工件表面形成漏磁场。漏磁场的强度主要取决磁化场的强度和缺陷对于磁化场垂直截面的影响程度。利用磁粉就可以将漏磁场给予显示或测量出来，从而分析判断出缺陷的存在与否及其位置和大小。将铁磁性材料的粉末撒在工件上，在有漏磁场的位置磁粉就被吸附，从而形成显示缺陷形状的磁痕，能比较直观地检出缺陷。这种方法是应用最早、最广的一种无损检测方法。

磁粉一般用工业纯铁或氧化铁制作，通常用四氧化三铁（Fe_3O_4）制成细微颗粒的粉末作为磁粉。磁粉可分为荧光磁粉和非荧光磁粉两大类，荧光磁粉是在普通磁粉的颗粒外表面涂上了一层荧光物质，使它在紫外线的照射下能发出荧光，主要的作用是提高了对比度，便于观察。

钢结构铁磁性原材料的表面或近表面缺陷，可以按照现行国家标准《钢结构工程施工质量验收规范》GB 50205 的规定进行检测。铁磁性材料是指碳素结构钢、低合金结构钢、沉淀硬化钢和电工钢等，而铝、镁、铜、钛及其合金和奥氏体不锈钢，以及用奥氏体钢焊条焊接的焊缝都不能用磁粉检测。

磁粉检测又分干法和湿法两种，通常干法检测所用的磁粉颗粒较大，所以检测灵敏度较低。湿法流动性好，可采用比干法更加细磁粉，使磁粉更易于被微小的漏磁场所吸附，因此湿法比干法的检测灵敏度高。因此，钢结构中磁粉检测采用湿法。

6.2 磁粉检测设备与器材

磁粉探伤装置应根据被测工件的形状、尺寸和表面状态选择，并应满足检测灵敏度的要求。对于磁轭法检测装置，当极间距离为 150mm、磁极与试件表面间隙为 0.5mm 时，其交流电磁轭提升力应大于 45N，直流电磁轭提升力应大于 177N。

对接管子和其他特殊试件焊缝的检测可采用线圈法、平行电缆法等。对于铸钢件可采用通过支杆直接通电的触头法，触头间距宜为 75～200mm。

磁悬液施加装置应能均匀地喷洒磁悬液到试件上。磁粉检测中的磁悬液可选用油剂或水剂作为载液。常用的油剂可选用无味煤油、变压器油、煤油与变压器油的混合液；常用的水剂可选用含有润滑剂、防锈剂、消泡剂等的水溶液。在配置磁悬液时，应先将磁粉或磁膏用少量载液调成均匀状，再在连续搅拌中缓慢加入所需载液，应使磁粉均匀弥散在载液中，直至磁粉和载液达到规定比例。对用非荧光磁粉配置的磁悬液，磁粉配制浓度宜为10~25g/L；对用荧光磁粉配置的磁悬液，磁粉配制浓度宜为1~2g/L。用荧光磁悬液检测时，应采用黑光灯照射装置。当照射距离试件表面为380mm时，测定紫外线辐射强度不应小于$10W/m^2$。

灵敏度试片是磁粉探伤检测时的必备工具，用来检查探伤设备、磁粉、磁悬液的综合使用性能，以及人员操作方式是否适当。检查磁粉探伤装置、磁悬液的综合性能及检定被检区域内磁场的分布规律等可以采用灵敏度试片进行测试。常用的有A性、C型灵敏度试片和磁场指示器等。不同型号的三种A型灵敏度试片，其分度值越小的试片，所需要的有效磁场强度越大，其检测灵敏度越高。

A型灵敏度试片应采用$100\mu m$厚的软磁材料制成；型号有1号，2号，3号三种，其人工槽深度应分别为$15\mu m$，$30\mu m$和$60\mu m$，A型灵敏度试片的几何尺寸如图6-1所示。

当磁粉检测中使用A型灵敏度试片有困难时，可用与A型材质和灵敏度相同的C型灵敏度试片代替。C型灵敏度试片厚度应为$50\mu m$，人工槽深度应为$15\mu m$，其几何尺寸如图6-2所示。

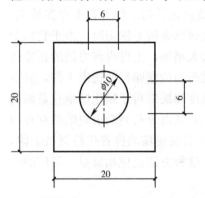

图6-1 A型灵敏度试片的几何尺寸

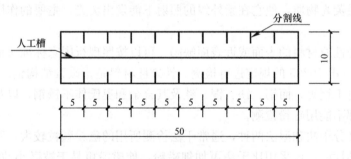

图6-2 C型灵敏度试片的几何尺寸

在连续磁化法中使用的灵敏度试片，应将刻有人工槽的一侧与被检试件表面紧贴。可在灵敏度试片边缘用胶带粘贴，但胶带不得覆盖试片上的人工槽。

6.3 相关检测仪器应用指南

6.3.1 磁粉探伤装置

概述：

磁粉探伤是将待测物体置于强磁场中或通以大电流使之磁化，若物体表面或表面附近有缺陷（裂纹、折叠、夹杂物等）存在，由于它们是非铁磁性的，对磁力线通过的阻力很大，磁力线在这些缺陷附近会产生漏磁，堆集形成的磁粉痕迹，从而把缺陷显示出来。

多用旋转磁场探伤仪图 6-3 则是利用该原理，以发现产品在生产和使用中所产生的疲劳裂纹等缺陷，防止其在使用中发生灾害性事故。该探伤仪配有电磁轭探头、旋转磁场探头等可配环形探头，适用于平焊缝、管道、角焊缝、锅炉、压力容器等的表面及近表面缺陷的探伤。

图 6-3　多用旋转磁场探伤仪

6.3.2　技术参数

多用旋转磁场探伤仪技术参数见表 6-1。

多用旋转磁场探伤仪技术参数　　　　　　　　　　　　　　　　表 6-1

参数	单位	CDX-3A
提升力	kg	交流磁轭探头 1～12kg，带活关节时约 0～8kg；直流磁轭探头 1～48kg，带活关节时约 0～32kg；马蹄形探头≥5kg
电源电压	V	220±10%，50Hz
探头工作电压	V	旋转、交流为 36，直流为 2
灵敏度	—	在 15/100μA 型标准片上出现清晰可见的磁痕

6.3.3　注意事项

（1）磁化时，磁场方向宜与探测的缺陷方向垂直，与探伤面平行。

（2）在探头磁极完全接触工件表面时，方能按下充磁开关，否则将引起电流增大而烧坏保险丝。

（3）仪器使用时，只能使用旋转、交流或直流磁化中一种功能，否则会影响探伤效果并损坏仪器。

（4）在探测前，应将灵敏度饰片粘贴在焊缝边上先进行试片检验，试片磁痕显示正确后，方可进行探伤检测。

（5）用磁轭检测时，磁轭每次移动应有重叠区域，以防缺陷漏检。在检测中，应避免交叉磁轭的四个磁极与探测构件表面间产生空隙，空隙会降低磁化效果。

6.4　检测步骤

磁粉检测步骤包括预处理、磁化、施加磁悬液、磁痕观察与记录、后处理等。

1. 预处理

（1）对试件探伤面进行清理，清除检测区域内试件上的附着物（油漆、油脂、涂料、焊接飞溅、氧化皮等）；在对焊缝进行磁粉检测时，清理区域应由焊缝向两侧母材方向各延伸 20mm 的范围；

（2）根据工件表面的状况、试件使用要求，选用油剂载液或水剂载液；

（3）根据现场条件、灵敏度要求，确定用非荧光磁粉或荧光磁粉；

（4）根据被测试件的形状、尺寸选定磁化方法。

2. 磁化

(1) 磁化时，磁场方向要与探测的缺陷方向垂直，与探伤面平行。当无法确定缺陷方向或有多个方向的缺陷时，应采用旋转磁场或采用两次不同方向的磁化方法。采用两次不同方向的磁化时，两次磁化方向应垂直；

(2) 检测时，应先放置灵敏度试片在试件表面，检验磁场强度和方向以及操作方法是否正确；

(3) 用磁轭检测时，应有覆盖区，磁轭每次移动的覆盖部分应在 10～20mm 之间；

(4) 用触头法检测时，每次磁化的长度宜为 75～200mm；检测过程中，应保持触头端干净，触头与被检表面接触应良好，电极下宜采用衬垫；

(5) 探伤装置在被检部位放稳后方可接通电源，移去时应先断开电源。

3. 施加磁悬液

先喷洒一遍磁悬液使被测部位表面湿润，在磁化时再次喷洒磁悬液。磁悬液宜喷洒在行进方向的前方，磁化应一直持续到磁粉施加完成为止，形成的磁痕不应被流动的液体所破坏。

4. 磁痕观察与记录

(1) 在磁悬液施加形成磁痕后要进行磁痕的观察。

(2) 采用非荧光磁粉时，可以在能清楚识别磁痕的自然光或灯光下进行观察（观察面亮度应大于 500lx）；采用荧光磁粉时，需要用黑光灯装置，并应在能识别荧光磁痕的亮度下进行观察（观察面亮度应小于 20lx）；

(3) 检测时可以采用照相、绘图等方法记录缺陷的磁痕。并且对磁痕进行分析判断，区分缺陷磁痕和非缺陷磁痕。

5. 后处理

检测完成后，及时清除对被测部位表面磁粉，并清洗干净，必要时进行防锈处理。

6.5 检测结果的评价

磁粉检测可允许有线形缺陷和圆形缺陷存在。当缺陷磁痕为裂纹缺陷时，应直接评定为不合格。评定为不合格时，应对其进行返修，返修后应进行复检。返修复检部位应在检测报告的检测结果中标明。

焊接接头的磁粉检测质量分级见表 6-2。

焊接接头的磁粉检测质量等级   表 6-2

等级	线性缺陷磁痕	圆形缺陷磁痕（评定框尺寸为 35mm×100mm）
Ⅰ	不允许	$d \leqslant 1.5$，且在评定框内不大于 1 个
Ⅱ	不允许	$d \leqslant 3.0$，且在评定框内不大于 2 个
Ⅲ	$l \leqslant 3.0$	$d \leqslant 4.5$，且在评定框内不大于 4 个
Ⅳ		大于Ⅲ级

注：1. l 表示线性缺陷磁痕长度，mm；d 表示圆形缺陷磁痕长径，mm。
    2. 缺陷评定区内同时存在多种缺陷时，应进行综合评级。对各类缺陷分别评定级别，取质量级别最低的级别作为综合评级的级别；当各类缺陷的级别相同时，则降低一级作为综合评级的级别。

6.6 检测实例

常德市某商场改造工程，二层梁牛腿节点板焊缝表面质量磁粉检测。图 6-4 为检测仪器，图 6-5 为检测现场。检测结果见表 6-3。

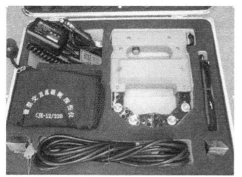

图 6-4　CJE-12/220 型磁粉探伤仪

图 6-5　探伤现场

磁粉检测报告 表 6-3

工件	部件名称	节点板Ⅰ、Ⅱ焊接		材料牌号	20			
	产品编号			表面状态	打磨后			
	检测部位	D1、D2、D3		检测比例	100%			
器材及参数	仪器型号	CJE-12/220		磁化方法	磁轭法			
	磁粉种类	黑磁悬膏		灵敏度试片型号	A1-30/100			
	磁悬液浓度	10~25g/L		磁化方向	交叉两方向磁化			
	磁化电流	交流		提升力	≥45N			
	磁化时间	1~3s		触头（磁轭间距）	75~200mm			
技术要求	检测比例	100%		合格级别	Ⅰ级			
	检测标准	NB/T 4730.4—2015		检测工艺编号	MT12-01			

	序号	焊缝部位编号	缺陷编号	缺陷类型	缺陷磁痕尺寸 mm	缺陷处理方式及结果				最终评级
						打磨后复检缺陷		补焊后复检缺陷		
检测部位缺陷情况						性质	磁痕尺寸 mm	性质	磁痕尺寸 mm	
	1	D1	/	/	/	/	/	/	/	Ⅰ级
	2	D2	/	/	/	/	/	/	/	Ⅰ级
	3	D3	/	/	/	/	/	/	/	Ⅰ级

检测结论：
1. 本产品符合 NB/T 4730.4—2015 标准的要求，评定为合格。
2. 检测部位及缺陷位置详见检测部位示意图（另附）

检验员： 资格：MT-Ⅱ级　年　月　日	审核人： 资格：MT-Ⅱ级　年　月　日	检测专用章 　年　月　日

6.7 习题

一、单项选择题

1. 能被强烈吸引到磁铁上来的材料称为（　　）。

A. 被磁化的材料　　　　　　　　　B. 非磁性材料

C. 铁磁性材料　　　　　　　　　　D. 被极化的材料

2. 当一个材料中存在表面和近表面缺陷时，在工件磁化后，就会在缺陷附近产生一个磁场。这个磁场称为（　　）。

A. 剩余磁场　　　B. 磁化磁场　　　　C. 漏磁场　　　　　　D. 感应磁场

3. 用来确定磁粉探伤中表面缺陷的检出能力的一般法则是（　　）。

A. 与缺陷宽深比无关　　　　　　　B. 缺陷深度至少是其宽度的 5 倍

C. 缺陷的宽深比为 1　　　　　　　D. 以上都不是

4. 干法优于湿法的地方是（　　）。

A. 对细微表面裂纹灵敏度高

B. 对形状不规则的零件容易全面覆盖

C. 与便携式设备配合进行现场检验比较方便

5. 磁粉探伤对哪种缺陷不可靠？（　　）。

A. 表面折叠　　　　　　　　　　　B. 埋藏很深的洞

C. 表面裂纹　　　　　　　　　　　D. 表面缝隙

二、多项选择题

1. 下列有关术语的解释哪些是对的？（　　）

A. 湿法：探伤时施加经适当媒质分散的磁粉

B. 干法：探伤时施加经过干燥的磁粉

C. 连续法：切断电流后才施加磁粉

D. 剩磁法：一面施加磁化磁场，一面施加磁粉

E. 轴向通电法：直接在试件上工作轴向通电

F. 磁轭法：把穿过试件的铜棒通以电流

G. 触头法：把试件放在电磁铁（或永久磁铁）的极间

2. 下列能够进行磁粉探伤的材料是（　　）。

A. 碳钢　　　　　B. 低合金钢　　　　　C. 铸铁　　　　　　D. 奥氏体不锈钢

E. 钛

3. 下列关于磁粉探伤预处理的叙述中，正确的是（　　）。

A. 允许探伤面有油脂，但电极接触处不得有附着物

B. 探伤时有可能进入磁粉，而清洗又较困难的孔部位，应事先堵好

C. 撒布干粉时，探伤面必须非常干燥

D. 电镀试件必须把镀层全部去除

三、简答题

1. 简述磁粉探伤原理。

2. 影响磁粉探伤灵敏度的主要因素有哪些？

参考答案

一、单项选择题

1. C 2. C 3. B 4. C 5. B

二、多项选择题

1. ABE 2. ABC 3. BC

三、简答题

1. 答案：外加磁场对工件（只能是铁磁性材料）进行磁化，被磁化后的工件上若不存在缺陷，则它各部位的磁特性基本一致，而存在裂纹、气孔或非金属物夹渣等缺陷时，由于它们会在工件上造成气隙或不导磁的间隙，使缺陷部位的磁阻大大增加，工件内磁力线的正常传播遭到阻隔，根据磁连续性原理，这时磁化场的磁力线就被迫改变路径而逸出工件，并在工件表面形成漏磁场。漏磁场的强度主要取决磁化场的强度和缺陷对于磁化场垂直截面的影响程度。利用磁粉就可以将漏磁场给予显示或测量出来，从而分析判断出缺陷的存在与否及其位置和大小。将铁磁性材料的粉末撒在工件上，在有漏磁场的位置磁粉就被吸附，从而形成显示缺陷形状的磁痕，能比较直观地检出缺陷。

2. 答案：（1）磁化方法的选择。（2）磁化磁场的大小和方向。（3）磁粉的磁性、粒度和颜色。（4）磁悬液的浓度。（5）试件的大小、形状和表面状态。（6）缺陷的性质和位形。（7）探伤的操作方法与步骤是否正确。

第7章 表面质量的渗透检测

7.1 渗透检测

渗透检测的基本原理就是在被检材料或工件表面上浸涂渗透力比较强的液体，利用液体对微细孔隙的渗透作用，将液体渗入孔隙中。然后，用水和清洗液清洗材料或工件表面的剩余渗透液。最后再用显示材料喷涂在被检工件表面，借助毛细管的作用原理、将孔隙中的渗透液吸出来并加以显示。

渗透检测具有以下特点：

（1）工作原理简单，对操作者的技术要求不高；

（2）应用面广，可用于多种材料的表面检测，而且基本上不受工件形状和尺寸的限制；

（3）显示不受缺陷方向的限制，一次检测可同时探测不同方向的表面缺陷；

（4）检测用设备简单、成本低廉、使用方便。

渗透检测的局限性，主要是只能检测开口的表面缺陷，工序比较多，探伤灵敏度受人为因素的影响比较多。渗透检测对各种材料的开口式缺陷（如裂纹、气孔、分层、夹杂物、折叠、熔合不良、泄漏等）都能进行检查。特别是某些表面无损检测方法难以工作的非铁磁性金属材料和非金属材料工件。但对工件表面粗糙度有一定要求，因为表面过于粗糙及多孔的材料和工件上的剩余渗透液很难完全清除，以致使真假缺陷难以判断。

钢结构原材料表面开口性缺陷的检测需要进行渗透检测。用于金属材料表面开口性缺陷的检测。检测灵敏度随工件表面光洁度的提高而增高。该方法不仅用于钢铁材料也用于各种不锈钢材料和有色金属材料。在钢结构工程中主要用于角焊缝、磁粉探伤有困难或效果不佳的焊缝，例如对接双面焊焊缝清根检测、焊缝坡口母材分层检测等。

7.2 试剂与器材

渗透剂、清洗剂、显像剂等渗透检测剂的质量应符合现行行业标准《无损检测 渗透检测用材料》JB/T 7523 的有关规定。并宜采用成品套装喷罐式渗透检测剂。采用喷罐式渗透检测剂时，其喷罐表面不得有锈蚀，喷罐不得出现泄漏。应使用同一厂家生产的同一系列配套渗透检测剂，不得将不同种类的检测剂混合使用。

现场检测宜采用非荧光着色渗透检测，渗透剂可采用喷罐式的水洗型或溶剂去除型，显像剂可采用快干式的湿显像剂。

7.3 渗透检测试剂与器材

7.3.1 概述

渗透检测方法是在测试材料表面使用一种液态染料，并使其在体表保留至预设时限，该染料可为在正常光照下既能辨认的有色液体，也可为需要特殊光照方可显现的黄/绿荧光色液体。此液态染料由于"毛细作用"进入材料表面开口的裂痕。毛细作用在染色剂停留过程中始终发生，直至多余染料完全被清洗。此时将某种显像剂施加到被检材质表面，渗透入裂痕并使其着色，进而显现。

渗透检测可广泛应用于检测大部分的非吸收性材料的表面开口缺陷，如钢铁、有色金属、陶瓷及塑料等，对于形状复杂的缺陷也可一次性全面检测，便于现场使用。其局限性在于，检测程序繁琐，速度慢，试剂成本较高，且灵敏度低于磁粉检测，对于埋藏缺陷或闭合性表面缺陷无法测出。

7.3.2 技术参数

渗透检测的试剂及方法见表 7-1。

按渗透剂分类的渗透检测方法 表 7-1

方法名称	渗透剂种类	方法名称	渗透剂种类
荧光渗透检测	水洗型荧光渗透剂	着色渗透检测	水洗型着色渗透检测
	后乳化型荧光渗透剂		后乳化型着色渗透检测
	溶剂去除型荧光渗透剂		溶剂去除型着色渗透检测

渗透检测的器材主要包括喷灌、固定装备（欲清洗装置、渗透剂施加装置、乳化剂施加装置、水洗装置、热空气循环干燥装置、显像剂施加装置、后清洗装置、检测光源及其他装置）、测量设备（黑光辐射强度计、黑光照度计、白光照度计、荧光亮度计等）、渗透检测试块（铝合金试块、镀铬试块及其他试块）等几部分。

7.3.3 注意事项

（1）应根据缺陷类型、灵敏度的要求、被检工件表面粗糙度及现场检测条件等因素选择合理的渗透检测方法。

（2）当焊接的焊道或其他表面不规则形状影响检测时，应将其打磨平整。

（3）对清理完毕的检测面应进行清洗；检测面应充分干燥后，方可施加渗透剂。

（4）施加显像剂后宜停留 7～30min 后，方可在光线充足的条件下观察痕迹显示情况。当检测面较大时，可分区域检测；对细小痕迹，可用 2～6 倍放大镜进行观察。

（5）渗透检测应在表面处理前、腐蚀工序后进行。

（6）各种试块使用后必须彻底清洗，清洗干净后将其放入丙酮或乙醇溶液中浸泡 30min，晾干或吹干后，将试块放置在干燥处保存。

7.4 灵敏度试块

渗透检测应配备铝合金试块（A 型对比试块）和不锈钢镀铬试块（B 型灵敏度试块）。

当进行不同渗透检测剂的灵敏度对比试验、同种渗透检测剂在不同环境温度条件下的灵敏度对比试验时，应选用铝合金试块（A型对比试块）；当检验渗透检测剂系统灵敏度是否满足要求及操作工艺正确性时，应选用不锈钢镀铬试块（B型灵敏度试块）。

当采用不同灵敏度的渗透检测剂系统进行渗透检测时，不锈钢镀铬试块（B型灵敏度试块）上可显示的裂纹区号应符合表7-2的规定；不锈钢镀铬试块（B型灵敏度试块）裂纹区的长径显示尺寸应符合表7-3的规定。

不同灵敏度等级下的显示的裂纹区号   表7-2

检测系统的灵敏度	显示的裂纹区号	检测系统的灵敏度	显示的裂纹区号
低	2～3	高	4～5
中	3～4		

不锈钢镀铬试块裂纹区的长径显示尺寸   表7-3

裂纹区号	1	2	3	4	5
裂纹长径（mm）	5.5～6.5	3.7～4.5	2.7～3.5	1.6～2.4	0.8～1.6

检测灵敏度等级的选择方法：

（1）焊缝及热影响区应采用"中灵敏度"检测，使其在不锈钢镀铬试块（B型灵敏度试块）中可清晰显示"3～4"号裂纹；

（2）焊缝母材机加工坡口、不锈钢工件应采用"高灵敏度"检测，使其在不锈钢镀铬试块（B型灵敏度试块）中可清晰显示"4～5"号裂纹。

7.5 检测步骤

渗透检测步骤包括预处理、施加渗透剂、去除多余渗透剂、施加显像剂、观察与记录、后处理等。

1. 预处理

渗透检测过程中工件表面的处理很重要，工件表面光洁度越高，检测灵敏度也越高。通常采用机械打磨或钢丝刷清理工件表面，再用清洗溶剂将清理面擦洗干净。不允许用喷砂、喷丸等可能堵塞表面开口性缺陷的清理方法。当焊接的焊道或其他表面不规则形状影响监测时，应将其打磨平整。清洗时，可采用溶剂、洗涤剂或喷灌套装的清洗剂。

（1）对检测面上的铁锈、氧化皮、焊接飞溅物、油污以及涂料应进行清理。应清理从检测部位边缘向外扩展30mm的范围。机加工检测面的表面粗糙度（R_a）不宜大于12.5μm，非机械加工面的粗糙度不得影响检测结果；

（2）对清理完毕的检测面应进行清洗；检测面应充分干燥后，方可施加渗透剂。

2. 施加渗透剂

施加渗透剂时，可采用喷涂、刷涂等方法，使被检测部位完全被渗透剂所覆盖。在环境及工件温度为10～50℃的条件下，保持湿润状态不应少于10min。

3. 去除多余渗透剂

用无绒洁净布在擦除检测面上大部分多余的渗透剂后，再用蘸有清洗剂的纸巾或布在检测面上朝一个方向擦洗，直至将检测面上残留渗透剂全部擦净。清洗处理后的检测面，经自然干燥或用布、纸擦干或用压缩空气吹干。干燥时间宜控制在 5～10min 之间。

4. 施加显像剂

钢结构检测中应该使用喷罐型的快干湿式显像剂进行显像。使用前应充分摇动，喷嘴宜控制在距检测面 300～400mm 处进行喷涂，喷涂方向宜与被检测面成 30°～40°的夹角，喷涂应薄而均匀，不应在同一处多次喷涂，不得将湿式显像剂倾倒至被检面上。

5. 痕迹观察与记录

（1）施加显像剂后宜停留 7～30min 后，方可在光线充足的条件下观察痕迹显示情况；

（2）当检测面较大时，可分区域检测；

（3）较细小痕迹，可用 5～10 倍放大镜进行观察；

（4）缺陷的痕迹可采用照相、绘图、粘贴等方法记录。

7.6 检测结果的评价

渗透检测可允许有线形缺陷和圆形缺陷存在。当缺陷痕迹为裂纹缺陷时，应直接评定为不合格。应该返修后进行复检。

7.7 检测案例

耒阳某单层工业厂房屋面横梁翼缘对接焊缝检测。图 7-1、图 7-2 为渗透焊缝检测现场。表 7-3 为渗透检测结果。

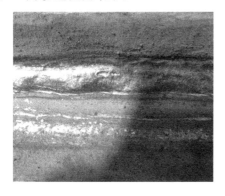 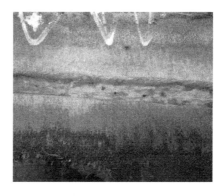

图 7-1 焊缝现场   图 7-2 渗透检测

渗透检测报告   表 7-4

工件	部件名称	翼缘对接焊缝	材料牌号	06Cr19Ni10/Q235B
	检测部位	焊缝	表面状态	合格
器材及参数	渗透剂种类	着色渗透剂	检测方法	HC-d
	渗透剂	DPT-5	乳化剂	
	清洗剂	DPT-5	显像剂	DPT-5
	渗透剂施加方法	喷	渗透时间	10min
	乳化剂施加方法	□喷□刷□浸□浇	乳化时间	min
	显像剂施加方法	喷	显像时间	7min
	工件温度	18℃	对比试块类型	□铝合金□镀铬

续表

技术要求	检测比例		100%		合格级别		I 级
	检测标准		NB/T 4730.5—2015		检测工艺编号		

	序号	焊缝（工件）部位编号	缺陷编号	缺陷类型	缺陷痕迹尺寸 mm	缺陷处理方式及结果				最终评级（级）
						打磨后复检缺陷		补焊后复检缺陷		
						性质	痕迹尺寸 mm	性质	痕迹尺寸 mm	
检测部位缺陷情况	1	C3		无						I
	2	C11		无						I
	3	C12		无						I
	4	C15		无						I

检测结论：

1. 本产品符合 NB/T 1730.5—2015 标准的要求，评定为合格。

2. 检验部位及缺陷位置详见检测部位示意图（另附）。

报告人（资格）	审核人（资格）	无损检测专用章
年　月　日	年　月　日	年　月　日

7.8 习题

一、单项选择题

1. 液体渗透技术适合于检验非多孔性材料的是（　　）。
   A. 近表面缺陷　　　　　　　　　B. 表面和近表面缺陷
   C. 表面缺陷　　　　　　　　　　D. 内部缺陷

2. 液体渗透探伤对下列哪种材料无效？（　　）
   A. 铝　　　　　　B. 上釉的陶瓷　　　　C. 玻璃　　　　　　D. 镁

3. 液体渗入微小裂纹的原理主要是（　　）。
   A. 表面张力作用　　　　　　　　B. 对固体表面的浸润性
   C. 毛细作用　　　　　　　　　　D. 上述都是

4. 渗透探伤容易检验的表面缺陷应有（　　）。
   A. 较大的宽度　　B. 较大的深度　　　　C. 较大的宽深比　　D. 较小的宽深比

5. 下面哪一条不是渗透探伤的特点？（　　）
   A. 这种方法能精确地测量裂纹或不连续性的深度
   B. 这种方法能在现场检验大型零件
   C. 这种方法能发现浅的表面缺陷
   D. 使用不同类型的渗透材料可获得较低或较高的灵敏度

6. 下面哪一条不是渗透探伤的优点？（　　）
   A. 适合于小零件批量生产检验　　　　B. 可探测细小裂纹
   C. 是一种比较简单的方法　　　　　　D. 在任何温度下都是有效的

7. 渗透检验方法可检出的范围是（　　）。
   A. 非铁磁性材料的近表面缺陷
   B. 非多孔性材料的近表面缺陷
   C. 非多孔性材料的表面和近表面缺陷
   D. 非多孔材料的表面缺陷

二、简答题

1. 渗透探伤的优点和局限性是什么？
2. 简述渗透探伤工序的安排原则。
3. 渗透探伤体系的可靠性包括哪些内容？

参考答案

一、单项选择题

1. C　2. B　3. C　4. D　5. A　6. D　7. D

二、简答题

1. 答案：渗透检验的优点是设备和操作简单，缺陷显示直观，容易判断。基本上不受零件尺、形状的限制，各个方向的缺陷可一次检出。局限性是只能检查非多孔性材料的表面开口缺陷，应用范围较窄。

2. 答案：渗透探伤一般在最终产品上，工序安排原则如下：（1）安排在喷漆、阳极化、镀层等其他表面处理工序前进行；表面处理后还需局部机加工的，对该局部要再次渗透探伤。（2）试件要求腐蚀检验时，渗透探伤应紧接在腐蚀工序后进行。（3）焊接件在热处理后进行；如果要进行两次以上热处理，应在较高温度的热处理后进行。（4）使用过的工件，应去除表面漆层、油污后进行；完整无缺的脆漆层可不必去除，直接进行；如果在漆层发现裂纹，可去除裂纹部位及其附近的漆层再检查基体金属上有无裂纹。（5）有延迟裂纹倾向的焊件、淬火热处理件应在其后 24h 后，再进行检验。

3. 答案：渗透探伤体系的可靠性包括进行渗透探伤所使用的设备仪器（渗透装置、乳化装置、显像装置、黑光灯）、渗透探伤剂（渗透剂、乳化剂、显像剂、去除剂）、工艺方法（渗透、去除、显像与水洗法、后乳化法、溶剂去除法）、环境条件（水源、电源、气源、暗室、光源）及渗透探伤操作人员的技术资格水平等。应对渗透探伤全过程进行全面质量管理，除应选购符合质量要求的设备仪器和渗透探伤剂外，还应对使用中的设备仪器、渗透探伤剂以及环境条件等工艺变量进行定期控制校验，对渗透探伤的全过程进行严格的控制。

第8章　内部缺陷的超声波检测

8.1　超声波检测钢结构焊缝的原理

超声波检测的原理：超声波探伤是利用超声能透入金属材料的深处，并由一截面进入另一截面时，在界面边缘发生反射的特点来检查零件缺陷的一种方法，当超声波束自零件表面由探头通至金属内部，遇到缺陷与零件底面时就分别发生反射波来，在荧光屏上形成脉冲波形，根据这些脉冲波形来判断缺陷位置和大小。

判断缺陷的性质，是对钢结构质量评估的重要一环。常见缺陷类型的反射波特性见表 8-1。

常见缺陷类型的反射波特性　表 8-1

缺陷类型	反射波特性	备注
裂缝	一般呈线状或面状，反射明显。探头平行移动时，反射波不会很快消失；探头转动时，多峰波的最大值交替错动	危险性缺陷
未焊透	表面较规则，反射明显。沿焊缝方向移动探头时，反射波稳定；在焊缝两侧扫查时，得到的反射波大致相同	危险性缺陷
未熔合	从不同方向绕缺陷探测时，反射波高度变化显著。垂直于焊缝方向探测时，反射波较高	危险性缺陷
夹渣	属于体积型缺陷，反射不明显。从不同方向绕缺陷探测时，反射波高度变化不明显，反射波较低	非危险性缺陷
气孔	属于体积型缺陷。从不同方向绕缺陷探测时，反射波高度变化不明显	非危险性缺陷

对于母材厚度不小于 8mm、曲率半径不小于 160mm 的碳素结构钢和低合金高强度结构钢对接全熔透焊缝，通常使用 A 型脉冲反射法手工超声波进行质量检测。该方法在钢结构现场检测中采用较广。

此外，对于母材壁厚为 4~8mm，曲率半径为 60~160mm 的钢管对接焊缝与相贯节点焊缝可以按照现行行业标准《钢结构超声波探伤及质量分级法》JG/T 203 的有关规定执行。

8.2　钢结构焊缝检测等级

根据质量要求，检验等级分为 A、B、C 三级：

（1）A 级检验：采用一种角度探头在焊缝的单面单侧进行检验，只对允许扫查到的焊缝截面进行探测。一般可不要求作横向缺陷的检验。母材厚度大于 50mm 时，不得采用 A 级检验。

（2）B级检验：宜采用一种角度探头在焊缝的单面双侧进行检验，对整个焊缝截面进行探测。母材厚度大于100mm时，应采用双面双侧检验；当受构件的几何条件限制时，可在焊缝的双面单侧采用两种角度的探头进行探伤；条件允许时要求作横向缺陷的检验。

（3）C级检验：至少应采用两种角度探头在焊缝的单面双侧进行检验，且应同时作两个扫查方向和两种探头角度的横向缺陷检验。母材厚度大于100mm时，宜采用双面双侧检验。

钢结构焊缝质量的超声波探伤检验等级应根据工件的材质、结构、焊接方法、受力状态选择，当结构设计和施工上无特别规定时，钢结构焊缝质量的超声波探伤检验等级宜选用B级。

8.3　设备与器材

8.3.1　A型脉冲反射式超声仪

模拟式和数字式的A型脉冲反射式超声仪的主要技术指标规定见表8-2。

A型脉冲反射式超声仪的主要技术指标　　表8-2

仪器部件	项目	技术指标
超声仪主机	工作频率	2～5MHz
	水平线性	≤1%
	垂直线性	≤5%
	衰减器或增仪器总调节量	≥80dB
	衰减器或增仪器每档步进量	≤2dB
	衰减器或增仪器任意12dB内误差	≤±1dB
探头	声束射线水平片，水平偏离角	≤2°
	折射角偏差	≤2°
	前沿偏差	≤1mm
超声仪主机与探头的系统	在达到所需最大检测声程时，其有效灵敏度余量	≥10dB
	远场分辨率	直探头≥30dB；斜探头≥6dB

8.3.2　超声仪、探头及系统

超声仪、探头及系统性能的周期检查项目及时间规定见表8-3。

超声仪，探头及系统性能的周期检查项目及时间　　表8-3

检查项目	检查时间
前沿距离	开始使用及每隔5个工作日
折射角或K值	
偏离角	
灵敏度余量	开始使用，修理后及每隔一个月
分辨率	
超声仪的水平线性	开始使用，修理后及每隔三个月
超声仪的垂直线性	

8.3.3 探头

（1）纵波直探头的晶片直径宜在 10～20mm 范围内，频率宜为 1.0～5.0MHz。

（2）横波斜探头应选用在钢中的折射角为 45°、60°、70°或 K 值为 1.0、1.5、2.0、2.5、3.0 的横波斜探头，其频率宜为 2.0～5.0MHz。

（3）纵波双晶探头两晶片之间的声绝缘应良好，且晶片的面积不应小于 150mm²。

（4）探伤面与斜探头的折射角 β（或 K 值）应根据材料厚度、焊缝坡口形式等因素选择，检测不同板厚所用探头角度宜按表 8-4 采用。

不同板厚所用探头角度　　　　　表 8-4

板厚 δ（mm）	检验等级			探伤法	推荐的折射角 β（K 值）
	A 级	B 级	C 级		
8～25	单面单侧			直射法及一次反射法	70°（K2.5）
25～50		单面双侧或双面单侧			70°或 60°（K2.5 或 K2.0）
50～100	—			直射法	45°和 60°并用或 45°与 70°并用（K1.0 与 K2.0 并用或 K1.0 与 K2.5 并用）
>100	—	双面双侧			45°与 60°并用（K1.0 与 K2.0 并用）

8.3.4 试块

标准试块的形状和尺寸应与图 8-1 相符。

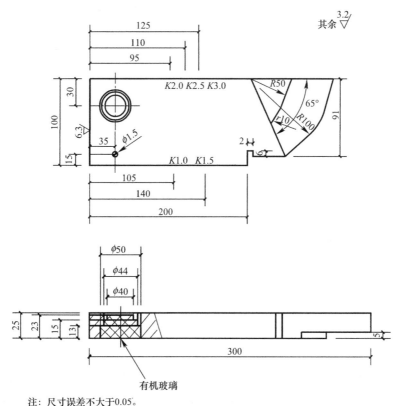

注：尺寸误差不大于0.05。

图 8-1　标准试块的形状和尺寸

对比试块的形状和尺寸应与表 8-5 相符。

表 8-5

对比试块的形状和尺寸

代号	适用板厚 δ	对比试块
RB-1	8-25	
RB-2	8-100	
RB-3	8-150	

注：尺寸公差为正负 0.1mm；个边垂直度不大于 0.1；表面粗糙度不大于 6.3um；标准孔与加工面的平行度不大于 0.05。

8.4　金属超声仪

8.4.1　概述

数字式超声波探伤仪是一种便携式无损探伤仪器，它是利用材料的声学特性和内部组织的变化会对超声波的传播产生一定影响的原理，通过对超声波受影响程度的探测，了解材料性能和结构变化的技术。超声检测方法通常有穿透法、脉冲发射法、串列法等，它能快速、便捷、准确地进行工件内部多种缺陷（裂纹、疏松、气孔、夹杂等）的检测、定位、评估和诊断，既可以用于实验室，也可以用于工程现场。目前超声波检测在锅炉、压力容器、航天、航空、电力、石油、化工、海洋石油、管道、军工、船舶制造、汽车、机械制造、冶金、金属加工业、钢结构、铁路交通、核能电力、高校等行业都得到广泛应用。

图 8-2　数字式超声波检测仪

8.4.2　技术参数

以 PXUT 全数字智能超声波探伤仪（图 8-2）为例，具体参数见表 8-6。

PXUT 全数字智能超声波探伤仪技术参数　　　　　　　　　　　表 8-6

参数	单位	PXUT-350B	PXUT-320C
频带宽度	MHz	0.4～15.0	0.4～15.0
探测范围	mm	0～5000.0	0～5000.0
探头方式	—	单晶、双晶、穿透	单晶、双晶、穿透
水平线性	％	≤0.5	≤1
垂直线性	％	≤4	≤4
分辨力	dB	≥30	≥30
灵敏度余量	dB	≥54	≥55
动态范围	dB	≥30	≥30
采样频率	MHz	150（硬件实时采样）	125（硬件实时采样）
声程位移	mm	0～2000（钢中纵波）	0～4800（钢中纵波）
工作时间	h	≥6	≥6
工作温度	℃	−20～50	−20～50
电源	—	7.2VDC，220V±10％，50HzAC	16VDC，220V±10％，50HzAC
外形尺寸	mm	250(高)×140(宽)×60 厚	250(高)×140(宽)×50 厚
报警	—	蜂鸣	蜂鸣

8.4.3　注意事项

（1）每隔三个月对仪器的水平线性和垂直线性进行一次测定。

（2）严禁在探伤仪开机状态下与外设之间连接或断开电缆，这样会损坏仪器。

（3）电池在充电前应在确定已完全放电或余电极少后才能进行，且应一次充满电

（4）避免在充电过程中使用仪器，如果使用一定要注意不可因充电器接触不良而导致间歇性充放电

8.5　检测步骤

超声波检测包括探测面的修整、涂抹耦合剂、探伤作业、缺陷的评定等步骤。

1. 距离-波幅（DAC）曲线

检测前，首先要根据所测工件的尺寸调整仪器时基线，并应绘制距离—波幅（DAC）曲线。

距离—波幅（DAC）曲线由选用的仪器、探头系统在对比试块上的实测数据绘制而成。当探伤面曲率半径 R 小于等于 $W^2/4$ 时，距离—波幅（DAC）曲线的绘制应在曲面对比试块上进行。距离—波幅（DAC）曲线的绘制应符合下列要求：

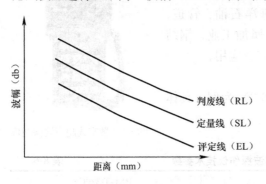

图 8-3　距离—波幅曲线示意图

（1）绘制成的距离—波幅曲线（图 8-3）由评定线 EL、量线 SL 和判废线 RL 组成。评定线与定量线之间（包括评定线）的区域规定为Ⅰ区，定量线与判废线之间（包括定量线）的区域规定为Ⅱ区，判废线及其以上区域规定为Ⅲ区。

（2）不同检验等级所对应的灵敏度要求应符合表 8-7 不同检验等级所对应的灵敏度要求的规定。表中的 DAC 应以 $\Phi3$ 横通孔作为标准反射体绘制距离—波幅曲线（即 DAC 曲线）。在满足被检工件最大测试厚度的整个范围内绘制的距离—波幅曲线在探伤仪荧光屏上的高度不得低于满刻度的 20%。

不同检验等级所对应的灵敏度要求

表 8-7

	A 级	B 级	C 级
	8～50	8～300	8～300
判废线	DAC	DAC-4dB	DAC-2dB
定量线	DAC-10dB	DAC-10dB	DAC-8dB
评定线	DAC-16dB	DAC-16dB	DAC-14dB

2. 探测面的修整

检测前应对探测面进行修整或打磨，清除焊接飞溅、油垢及其他杂质，表面粗糙度不应超过 $6.3\mu m$。当采用一次反射或串列式扫查检测时，一侧修整或打磨区域宽度应大于 $2.5K\delta$；当采用直射检测时，一侧修整或打磨区域宽度应大于 $1.5K\delta$。

现场检测时要根据工件的不同厚度选择仪器时基线水平、深度或声程的调节。当探伤面为平面或曲率半径 R 大于 $W^2/4$ 时，可在对比试块上进行时基线的调节；当探伤面曲率半径 R 小于等于 $W^2/4$ 时，探头楔块应磨成与工件曲面相吻合的形状，反射体的布置可参照对比试块确定，试块宽度应按下式进行计算：

$$b \geqslant 2\lambda S/D_e$$

式中　b——试块宽度（mm）；

　　　λ——波长（mm）；

　　　S——声程（mm）；

　　　D_e——声源有效直径（mm）。

当受检工件的表面耦合损失及材质衰减与试块不同时，宜考虑表面补偿或材质补偿。

3. 涂抹耦合剂

耦合剂应具有良好透声性和适宜流动性，不应对材料和人体有损伤作用，同时应便于检测后清理。当工件处于水平面上检测时，宜选用液体类耦合剂；当工件处于竖立面检测时，宜选用糊状类耦合剂。

4. 探伤作业

探伤灵敏度不应低于评定线灵敏度。扫查速度不应大于 150mm/s，相邻两次探头移动区域应保持有探头宽度 10% 的重叠。在查找缺陷时，扫查方式可选用锯齿形扫查、斜平行扫查和平行扫查。为确定缺陷的位置、方向、形状、观察缺陷动态波形，可采用前后、左右、转角、环绕四种探头扫查方式。

5. 缺陷的评定

对所有反射波幅超过定量线的缺陷，均应确定其位置、最大反射波幅所在区域和缺陷指示长度。缺陷指示长度的测定可采用以下两种方法：

(1) 当缺陷反射波只有一个高点时，宜用降低 6dB 相对灵敏度法测定其长度；

(2) 当缺陷反射波有多个高点时，则宜以缺陷两端反射波极大值之处的波高降低 6dB 之间探头的移动距离，作为缺陷的指示长度（图 8-4）。

(3) 当缺陷反射波在 I 区未达到定量线时，如探伤者认为有必要记录时，可将探头左右移动，使缺陷反射波幅降低到评定，以此测定缺陷的指示长度。

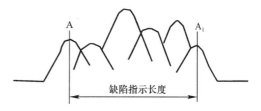

图 8-4　端点峰值测长法

8.6　检测结果的评价

在确定缺陷类型时，可将探头对准缺陷作平动和转动扫察波形的相应变化，并可结合操作者的工程经验作出判断。

最大反射波幅位于 DAC 曲线 II 区的非危险性缺陷，其指示长度小于 10mm 时，可按 5mm 计。在检测范围内，相邻两个缺陷间距不大于 8mm 时，两个缺陷指示长度之和作为单个缺陷的指示长度，相邻两个缺陷间距大于 8mm 时，两个缺陷分别计算各自指示长度。

最大反射波幅位于 II 区的非危险性缺陷，可根据缺陷指示长度 ΔL 进行评级。不同检验等级，不同焊缝质量评定等级的缺陷指示长度限值应符合表 8-8 的规定。

焊缝质量评定等级的缺陷指示长度限值　　　　　　　　　　表 8-8

评定等级 验收等级 板厚	A 级	B 级	C 级
	8～50	8～300	8～300
I	$2\delta/3$，最小 12	$\delta/3$，最小 10，最大 30	$\delta/3$，最小 10，最大 20
II	$3\delta/4$，最小 12	$2\delta/3$，最小 12，最大 50	$\delta/2$，最小 10，最大 30
III	δ，最小 20	$3\delta/4$，最小 16，最大 75	$2\delta/3$，最小 12，最大 50
IV	超过 III 级者		

最大反射波幅不超过评定线（未达到 I 区）的缺陷应评为 I 级。

最大反射波幅超过评定线，但低于定量线的非裂纹类缺陷应评为 I 级。

最大反射波幅超过评定线的缺陷，检测人员判为裂纹等危害性缺陷时，无论其波幅和尺寸如何均应评定为 IV 级。

除了非危险性的点状缺陷外，最大反射波幅位于Ⅲ区的缺陷，无论其指示长度如何，均应评定为Ⅳ级。

不合格的缺陷应进行返修，返修部位及热影响区应重新进行检测与评定。

8.7　检测实例

岳阳市某文化展览馆大跨度型钢梁翼缘与腹板 T 形焊缝检测。焊缝如图 8-5、图 8-6 所示。检测结果见表 8-9。

图 8-5　翼缘与腹板焊接（1）　　　　　图 8-6　翼缘与腹板焊接（2）

超声波检测 T 形焊缝结果汇总表　　　　　　　　　表 8-9

工件名称	钢柱	检件编号	见附图	尺寸		—
材质	Q345B	厚度	35mm	检测	比例	20%
焊缝类型	全熔透焊缝	检测部位	T 形接头		长度	—
仪器型号	HS610E	探头规格	2.5P9×9 K2.5	扫查方式		斜单、锯齿形扫查为主，前后、左右、转角等辅助扫查
表面状态和补偿	修整＋3dB	耦合剂	机油	试块		RB-3，CSK-IA
扫描调节	水平	比例	1:1	参考灵敏度		以 $\phi3mm$ 横孔作为基准反射体
				检测灵敏度		H0-16dB
焊缝质量等级	二级	检测时机	焊后 24h 以上	检测（等级）		GB/T 11345—2013　B 级
				验收（级别）		GB/T 27912—2013　AL2

探伤位置示意图：

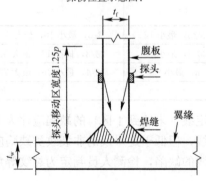

序号	工件编号	焊缝编号	板厚(mm)	缺陷位置(mm)			指示长度 mm	当量(dB)	返修次数	验收等级	备注
				X 方向	Y 方向	H 深度					
1	GZ1a2-1	Y1	35.0	—	—	—	—	—	—	2	—
		Y2	35.0	—	—	—	—	—	—	2	—
2	GZ1a3-1	Y1	35.0	156	+1	8.8	9.5	H0-4	0	2	—
		Y2	35.0	—	—	—	—	—	—	2	—
3	GZ1b2-1	Y1	35.0	—	—	—	—	—	—	2	—
		Y2	35.0	—	—	—	—	—	—	2	—
4	GZ1b3-1	Y1	35.0	—	—	—	—	—	—	2	—
		Y2	35.0	—	—	—	—	—	—	2	—
5	GZ2a2-1	Y1	35.0	—	—	—	—	—	—	2	—
		Y2	35.0	—	—	—	—	—	—	2	—
6	GZ2a3-1	Y1	35.0	—	—	—	—	—	—	2	—
		Y2	35.0	—	—	—	—	—	—	2	—
7	GZ2b2-1	Y1	35.0	—	—	—	—	—	—	2	—
		Y2	35.0	—	—	—	—	—	—	2	—

注：所检该工程 H 型钢柱翼缘对接焊缝中均未发现超标缺欠，焊缝验收级别不低于 GB 29712—2013 中 AL2 级。

8.8 习题

一、单项选择题

1. 超声波检测中对探伤仪的定标（校准时基线）操作是为了（　　）。

A. 评定缺陷大小　　　　　　　　　　B. 判断缺陷性质

C. 确定缺陷位置　　　　　　　　　　D. 测量缺陷长度

2. A 型超声波探伤仪上的"抑制"旋钮打开不会对下述（　　）性能有影响。

A. 垂直线性　　　B. 水平线性　　　C. 脉冲重复频率　　　D. 延迟

3. 超声波检验中，当探伤面比较粗糙时，宜选用（　　）。

A. 较低频探头　　　B. 较粘的耦合剂　　　C. 软保护膜探头　　　D. 以上都对

4. 探伤时采用较高的探测频率，可有利于（　　）。

A. 发现较小的缺陷　　　　　　　　　B. 区分开相邻的缺陷

C. 改善声束指向性　　　　　　　　　D. 以上全部

二、多项选择题

1. 超声波探伤试块的作用是（　　）。

A. 检验仪器和探头的组合性能　　　　B. 确定灵敏度

C. 缺陷定位　　　　　　　　　　　　D. 缺陷定量

2. 缺陷反射声能的大小取决于（　　）。

A. 缺陷的尺寸　　　B. 缺陷的类型　　　C. 缺陷的形状和取向

三、简答题

超声波检测焊缝的原理是什么？

参考答案

一、单项选择题

1. C　2. A　3. D　4. D

二、多项选择题

1. ABCD　2. ABC

三、简答题

答案：一般在均匀的材料中，缺陷的存在将造成材料的不连续，这种不连续往往又造成声阻抗的不一致，由反射定理我们知道，超声波在两种不同声阻抗的介质的交界面上将会发生反射，反射回来的能量的大小与交界面两边介质声阻抗的差异和交界面的取向、大小有关。脉冲反射式超声波探伤仪就是根据这个原理设计的。

第9章 焊接连接力学性能检测

钢材的焊接性能也称钢材的可焊性，即在一定的材料、结构和工艺条件下，要求钢材施焊后能获得良好的焊接接头性能。焊接性能分为施工上的可焊性和使用的可焊性两类。施工上的可焊性是指在一定的焊接工艺条件下，焊缝金属和热影响区产生裂纹的敏感性。施工可焊性好，即施焊时焊缝金属和热影响区均不出现热裂纹或冷裂纹。使用上可焊性是指焊接金属和焊接接头的冲击韧性和热影响区的塑性。要求施焊后的力学性能不低于母材的力学性能，若焊缝金属的冲击韧性值下降较多或热影响区的脆性倾向较大，则其在使用性上的可焊性较差。严格来讲，所有的结构钢都是可焊的，关键在于要采取恰当的焊接材料和焊接工艺措施。影响钢材可焊性的主要因素是化学成分。在一般情况下，首先取决于钢材的含碳量或碳当量，决定焊缝的淬硬性。用于焊接连接的碳素结构钢，因锰含量较低，故只需要控制含碳量：一般不大于 0.22%，对于重要的焊接结构，不大于 0.2%。

另外，在焊接熔化时，焊缝金属的化学成分也会发生重大变化，这是由熔化金属（部分母材及填充金属——焊丝或焊条）、周围气体（氢、氧、氮、二氧化碳、一氧化碳、水及金属蒸汽）、熔渣之间的相互作用引起的，故要防止有害气体的入侵，同时又要防止有益元素的氧化和蒸发。

钢材的可焊性取决于熔融区和热影响区对连接的性能也有较大的影响，其中又以热影响区最为薄弱。在工程实践中，钢材的可焊性常用专门的试验来测定。针对不同的焊接性能指标，可焊性的试验方法很多，如焊缝接头冲击试验方法、焊缝接头拉伸试验方法、焊缝及熔敷金属拉伸试验方法、焊缝接头及堆焊金属硬度试验方法、焊缝接头应变时效敏感性试验方法等。上述各种焊接性能试验的取样方法，均应遵循焊缝接头机械性能试验取样方法的规定。

9.1 焊缝接头机械性能试验取样方法

《焊接接头拉伸试验方法》GB/T 2651—2008 规定，从试件上截取样坯时厚度超过 8mm 时，不得采用剪切方法。当采用热切割或可能影响切割面性能的其他切割方法从焊件或试件上截取试样时，应确保所有切割面距离试样的表面至少 8mm 以上。平行于焊件或试件的原始表面的切割，不应采用热切割方法。

试样的厚度 t 一般应与焊接接头处母材的厚度相等，当相关标准要求进行全厚度（厚度超过 30mm）试验时，可从接头截取若干个试样覆盖整个厚度。在这种情况下，试样相对接头厚度的位置应做记录。

板及管板状试样（图 9-1）厚度沿着平行长度 L_c 应均衡一致，其形状和尺寸应符合

表 9-1 的规定。对于从管接头截取的试样，可能需要校平夹持端；然而，这种变平及可能产生的厚度的变化不应波及平行长度 L_c。

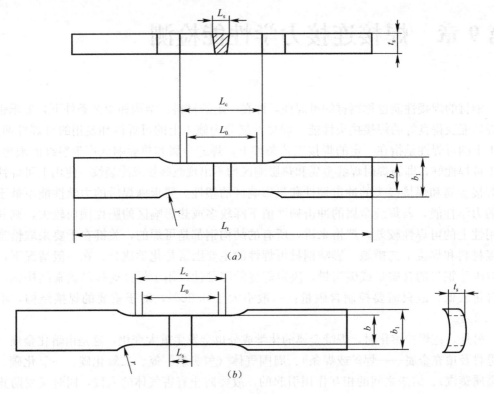

图 9-1　板和管接头板状试样
(a) 板接头；(b) 管接头

板及管接头板状试样的尺寸　　　　　　　　　　　　　　表 9-1

名称		符号	尺寸
试样总长度		L_t	适用于所有的试验机
夹持端宽度		b	$b+12$
平行长度部分宽度	板	b	12 ($t_s \leqslant 2$) 25 ($t_s > 2$)
	管子	b	6 ($D \leqslant 50$) 12 ($50 < D \leqslant 168$) 25 ($D > 168$)
平行长度		L_c	$\geqslant L_s + 60$
过渡弧半径		r	$\geqslant 25$

注：1. 对于压焊及高能束焊接头而言（根据 GB/T 5185—2005，其工艺方法代号为 2、4、51 和 52），焊缝宽度为零（$L_s = 0$）。
　　2. 对于某些金属材料（如铝、铜及其合金）可以要求 $L_c \geqslant L_s + 100$。

　　整管试样尺寸见图 9-2。

　　实心截面试样尺寸应根据协议要求。当需要机加工成圆柱形试样时，试样尺寸应依据《金属材料　拉伸试验》GB/T 228 要求，只是平行长度 L_c。应不小于 $L_c + 60$mm，见图 9-3。

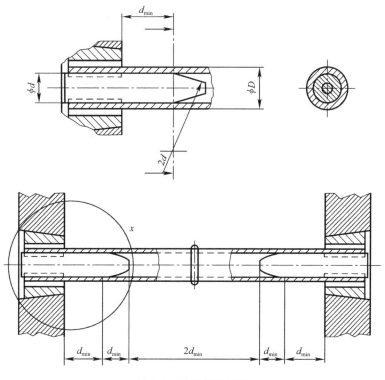

图 9-2 整管拉伸试样

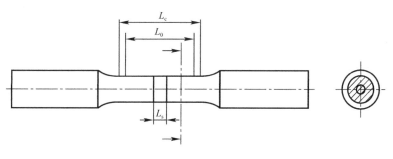

图 9-3 实心圆柱形试样

铜及其合金的尺寸要求参见表 9-1。

9.2 焊缝接头冲击试验方法

《焊缝接头冲击试验方法》GB/T 2650—2008 和《金属夏比摆锤冲击试验方法》GB/T 229—2007 规定，焊缝接头冲击试验采用 10mm×10mm×55mm，带 V 形或 U 形缺口的试样为标准试样。如材料不够制备标准试样，可使用宽度 7.5、5 或 2.5 的小尺寸试样，见图 9-4。

试样表面粗糙度应优于 $5\mu m$，端部除外。对于需热处理的试验材料，应在最后精加工

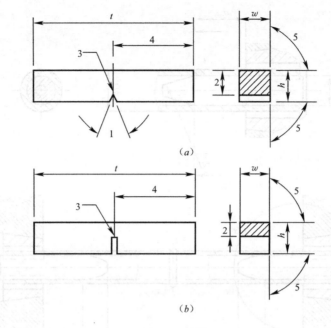

图 9-4　试样
(a) V 形缺口；(b) U 形缺口

前进行热处理，除非已知两者顺序改变不导致性能的差别。对缺口的制备应当仔细，以保证缺口根部处没有影响吸收能的加工痕迹。缺口对称面应垂直于试样纵向轴线。

试样样坯的切取应按相关产品标准或《钢及钢产品　力学性能试验取样位置及试样制备》GB/T 2975—1998 的规定执行。试样制备过程应使由于过热或冷加工硬化而改变材料冲击性能的影响减至最小。

焊缝接头冲击试验的试验机、试验要求应符合《金属夏比摆锤冲击试验方法》GB/T 229—2007 的规定。试验结果可以用冲击吸收功或冲击韧性值表达。试验结果依据相应标准或产品技术条件进行评定。

9.3　焊缝及熔敷金属拉伸试验方法

试样应从试件的焊缝及熔敷金属上纵向截取，加工完成后，试样的平行长度应全部由焊缝金属组成，见图 9-5 和图 9-6。从试件上截取样坯时，钢材厚度超过 8mm 时，不得采用剪切方法。当采用热切割或可能影响切割面性能的其他切割方法从焊件或试件上截取试样时，应确保所有切割面距离试样的表面至少 8mm 以上。平行于焊件或试件的原始表面的切割，不应采用热切割方法。

试验仪器、试验条件和性能测定应符合《金属材料　拉伸试验　第 1 部分：室温试验方法》GB/T 228.1—2010 规定，试验结果依据相应标准或产品技术条件进行评定。

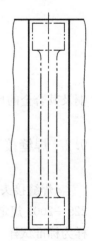

图 9-5　试样的
位置（纵向截面）

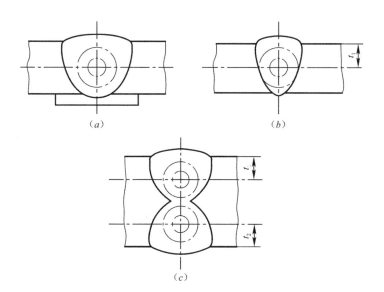

图 9-6　试样的位置（横向截面）

（a）用于焊接材料分类的熔敷金属试样；（b）取自单面焊接接头的试样；（c）取自双面焊接接头的试样

9.4　焊缝中常见的缺陷成因分析及其防止措施

金属作为最常用的工程结构材料，往往要求具有如高温强度、低温韧性、耐腐蚀性及其他一些基本性能，并且要求在焊接之后仍然能够保持这些基本性能。焊接过程的特点主要是温度高、温差大，偏析现象很突出，金相组织差别比较大。因此，在焊接过程中往往会产生各种不同类型的焊接缺陷而遗留在焊缝中。如裂缝、未焊透、未熔合、气孔、夹渣以及夹钨等。从而降低了焊缝的强度性能，给安全生产带来很大的不利。但是，不论什么样的缺陷，它在形成的过程中都具有特定的形成机理和规律，只要掌握其形成的基本特点，就会对我们在生产中制定焊接工艺措施，防止缺陷的产生起到很好的作用。因此，本人针对焊缝中常见的缺陷的形成及其危害性进行分析，并提出防治措施。

9.4.1　裂纹

1. 产生裂纹缺陷的原因

根据日常所发现的裂纹缺陷分析，产生裂纹的主要因素是焊接工艺不合理、选用材料不当、焊接应力过大以及焊接环境条件差造成焊后冷却太快等。

2. 裂纹产生的部位

焊缝裂纹一般分为热裂纹和冷裂纹。热裂纹是在焊接过程中形成的，因此，大部分都产生在焊缝的填充部位以及熔合线部位，并埋藏于焊缝中；冷裂纹也叫延时裂纹，一般都是在焊缝冷却过程中由于应力的影响而产生，有时还随着焊缝的组织的变化首先在焊缝内部形成组织晶界裂纹，经过一段时间之后才形成宏观裂纹，这类裂纹一般形成于焊缝的热影响区以及焊缝的表面。

3. 裂纹的危害性

裂纹是焊缝中危害性最大的一种缺陷，它属于条面对面状缺陷，在常温下会导致焊缝的抗拉强度降低，并随着裂纹所占截面积的增加而引起抗拉强度大幅度下降。另外，裂纹的尖端是一个尖锐的缺口，应力集中很大，它会促使构件在低应力下扩展破坏。所以在焊缝中裂纹是一种不允许存在的缺陷，一旦发现必须进行全部清除或将所焊容器（构件）判废。

4. 防止裂纹产生的措施

首先是针对构件焊接情况选取合理的焊接工艺，如焊接方法、线能量、焊接速度、焊前预热、焊接顺序等。这是防止焊缝裂纹产生的最基本的措施。当在结构条件一定的情况下，合理的工艺不仅会影响和改善接头的应力状态，而且也会影响焊缝的化学成分，还可以改变杂质的偏析程度，对防止裂纹的形成都有很大的好处。其次是焊接材料的选择要正确。其三是考虑焊接环境条件以及热处理工艺等。因此，在实际生产过程中应根据实际情况综合考虑各种工艺因素所带来的影响。

9.4.2　未焊透

1. 产生未焊透缺陷的主要因素

（1）焊接规范选择不当，如电流太小，电弧过短或过长，焊接速度过快、金属未完全熔化；

（2）坡口角度太小、钝边过厚、对口试件间隙太小导致熔深减小；

（3）焊接过程中，焊条和焊枪的角度不当导致电弧偏析或清根不彻底等。

（4）未焊透实际上就是焊接接头的根部未完全熔透的现象，单面焊双面成形或加垫板焊的焊缝主要产生于 V 形坡口的根部，双面焊双面成形的焊缝主要产生于 X 形坡口或双 U 形坡口的钝边的边缘处。

2. 未焊透缺陷的危害性

未焊透属于一种面状缺陷，通常都视为裂纹类缺陷，未焊透的存在会导致焊缝的有效截面减少，从而降低焊缝的强度。在应力主作用下很容易扩展形成裂纹导致构件破坏。若是连续性未焊透，更是一种极其危险的存在，所以焊缝中的未焊透是一种不允许存在的缺陷。

3. 防止未焊透缺陷产生的措施

正确确定坡口形式和装配间隙，认真清除坡口两侧的油污杂质，合理选择焊接电流，焊接角度要正确，运条速度要根据焊接电流的大小、焊体的厚度以及焊接位置进行选择，不应移动过快，随时注意不断地调整焊接角度。对于导热不良、散热较快的焊件，可进行焊前预热或在焊接过程中同时用火焰进行加热。对于要求全焊透的焊缝，如果是有未焊透时，在条件允许的情况下可以将反面熔渣和焊瘤清理后进行加焊处理；对于非要求全焊透的焊缝，其焊透深度大于板厚的 0.7 倍即可。应尽量采用单面焊双面成形的工艺。

9.4.3　未熔合

1. 产生未熔合缺陷的原因

（1）焊接规范选择不当，电流过小，焊接速度太快，焊接电流的强度不够，产生的热能量太小，致使母材坡口或先焊的金属未能完全熔化。

（2）电流过大，焊条过于发红而快速先熔化，在母材边缘还没有达到熔化温度的情况下就覆盖过去同时焊条散热太快而导致母材的开始端未熔化。

（3）焊接时操作不当，焊条偏向某一边而另一边尚未熔化就被已熔化的金属掩盖过去形成虚焊现象。

（4）坡口制备不良，坡处太潮湿。熔池氧化太快，焊条生锈或有油污而进行施焊等。

2. 未熔合产生的部位

未熔合缺陷一般产生于焊件坡口的熔合线处以及焊缝隙间层、焊缝隙的根部。在焊接时焊道与母材之间或焊道与焊道之间未完全熔化为一体，在点焊时母材与母材未完全熔合成一体而形成虚焊部位。

3. 未熔合缺陷的危害性

未熔合缺陷大都是以面状存在于焊缝中，通常也被视为裂纹类型的缺陷。其实质就是一种虚焊现象，从而导致焊缝的有效面积减少，在交变应力高度集中的情况下致使焊缝的强度降低，塑性下降，最终造成焊缝开裂。在焊缝中是不允许存在未熔合缺陷的。

4. 未熔合缺陷的防止

焊前对坡口周围进行认真清理，去除锈蚀和油污；正确选择焊接规范，焊接的电流不宜太小，焊接速度不能太快；在正常施焊过程中焊接电流也不宜过大，否则焊条过于发红而快速熔化，这样就会在母材的边缘未识到熔化温度的情况下焊条的熔化金属已覆盖而造成未熔合；对于散热过快的焊件可以采取焊前预热或在焊接过程中同时用火焰加热施焊；焊接操作要正确，避免产生磁偏吹，如遇焊件带磁时应先进行退磁。

9.4.4 气孔

1. 产生气孔的原因

焊缝中产生气孔的原因很多。由于焊接是属于金属的冶炼过程。因此，可以概括为：

一是冶金因素的影响，焊接熔池在凝固过程中界面上排出的氮、氢、氧、一氧化碳等气体以及水蒸汽来不及排出时被包裹在金属内部形成孔洞；

二是工艺因素的影响，如焊接工艺规范选择不当、焊接电源的性质不同、电弧长度的控制、操作技能不规范等都会给气孔的形成提供条件。归纳起来有以下几点：

（1）焊接的基本金属或填充金属的表面有锈、油污、油漆或有机物质存在；

（2）焊条或焊剂没有充分烘干或焊条成分不当，焊条药皮变质；

（3）焊接电流过小电弧拉得过长或焊接速度太快，另外采用交流电焊接比采用直流电焊接易产生气孔；

（4）焊接时周围环境的空气湿度太大，阴雨天进行焊接特别容易形成气孔缺陷。

2. 气孔缺陷产生的部位

气孔是焊缝中最常见的缺陷，按位置可分表面气孔、内部气孔。按形状可分为点状、链状、分散状，及密集型、圆形、椭圆形、长条形、管形等。因此，气孔可以分布在焊缝的任何部位。

3. 气孔的危害性

气孔属于体积性缺陷，它主要是削弱焊缝的有效截面积，降低焊缝的机械性能和强度，尤其是焊缝的弯曲强度和冲击韧性。同时也破坏了焊缝金属的致密性。一般来说边缘气孔是导致构件破坏的重要因素。其塑性可以降低 $40\%\sim50\%$。在交变应力的作用下焊缝的疲劳强度显著下降。但由于气孔没有尖锐的边缘，一般认为不属于危害性缺陷，并允许有限度在焊缝中存在。但也要按照规范中的规定进行评定，超过规范要求时也必须进行返修处理。

4. 防止气孔缺陷产生的措施

焊接前对焊件坡口周围的油污和有机物质清理干净；焊条必须按照要求进行烘干，并存放于保温盒内随取随用；不要使用药皮已变质的焊条及偏心过大的焊条；尽量采用短弧焊接规范，同时防止有害气体入侵；对于厚大工件或规程规定要进行焊前预热的工件必须进行焊前预热；焊接过程中焊接速度不宜过快；焊接场所要有防雨防风设施，管道焊接时三角要避免穿堂风。

9.4.5　夹渣

1. 产生夹渣缺陷的原因

在焊接过程中，熔池中的熔化金属的凝固速度大于熔渣的上浮速度，在熔化金属凝固时熔渣来不及浮出熔池而被包裹在焊缝内，这就是夹渣。其影响的因素主要有以下几点：

（1）焊件的坡口设计不合理，坡口的角度太小。

（2）焊接规范选择不当，如焊接电流过小、焊接速度快。

（3）多层焊接时清渣不彻底。

（4）熔池中液态金属凝固过快，熔渣粒度过大，不易浮出表面。

（5）焊件坡口处杂质及油污和有机物质清理不彻底，焊条的成分不当，药皮的熔点过高。焊接过程中未完全熔化而被裹在金属内。

2. 夹渣缺陷产生的部位

夹渣缺陷在焊缝中的表现一般都是没有规则的，有分散点状的也有密集的，既有块状也有条状和链状。因此，夹渣缺陷可以存在于焊缝的任何部位。

3. 夹渣缺陷的危害性

夹渣是属于体积性缺陷，它的危害程度比面状缺陷要小。但是，夹渣缺陷的形状是多种多样的，并具有尖锐的边缘，在交变应力作用下，也很容易扩展形成裂纹而成脆性断裂；同时也会以减少焊缝的有效截面积而降低焊缝机械强度、塑性、韧性和耐腐蚀的能力以及疲劳极限。焊缝中的夹渣允许有限的存在，但必须按规程标准进行判定，不合格的夹渣缺陷也应当进行返修处理。

4. 防止夹渣产生的措施

设计合理的焊接坡口，焊前对坡口周围要进行认真的清理，多层焊时特别要注意焊渣的彻底清理；选择适当的焊接规范，防止焊缝金属冷却过快；减慢焊接的速度，增大焊接电流来改善溶渣浮出表面的条件；运行条要正确，并有规律地摆动焊条，焊接过程中不断地搅动熔池中的熔化金属，促使溶渣与铁水分离；调整焊条的药皮或焊剂的化学成分，降低熔渣的熔点也有利于防止夹渣缺陷的产生。

9.4.6　钨夹渣

1. 产生钨夹渣的原因

在采用钨极气体保护焊时，由于焊接电流过大而超过极限电流或钨极直径太小而导致钨极高度发热，端部熔化进入焊缝的液态金属中。由于钨的熔点高，在冷却凝固过程中，钨首先以自由状态结晶析出而停留于焊缝中。因此任何能造成钨极熔化的因素都将引起钨夹渣的产生，如钨极夹具松动、钨极直径小、炽热的钨极顶端触及熔池而产生飞溅或气体保护不良而引起钨极烧损等都会产生钨夹渣缺陷。

2. 钨夹渣产生的部位

钨夹渣在焊缝中一般都是呈现为分散点状、条状和块状。在钨极全气体焊或等离子焊接时可以在焊缝的任何部位形成。钨极气体保护焊封底，电弧焊填充盖面焊时大都产生于焊缝的第一层。

3. 钨夹渣缺陷的危害性

焊缝中存在的钨夹渣缺陷的形状与一般的夹渣是一样的，因此，它的危害性与夹渣的危害性基本上是一致的。

4. 防止钨夹渣产生的措施

首先要选择良好的钨极夹具，钨极的直径要根据焊件的规格、材质而选择；根据钨极的直径选择适当的焊接电流；加强气体保护的效果，防止钨极烧损；焊接过程中特别要避免钨极直接触及溶池或焊丝。

9.5 习题

一、单项选择题

1. 弯曲试验时低合金钢和合金钢（奥氏体钢除外）双面焊接头，弯曲角度应为，单面焊接头，弯曲角度应为（   ）。

A. 1800   B. 1000   C. 900

2、用于焊接连接的碳素结构钢，因锰含量较低，故只需要控制含碳量：一般不大于（   ）%。

A. 0.2   B. 0.22   C. 0.24

3. 焊接接头拉伸样坯原则上取试件的（   ）。

全厚度   B. 1/2 厚度   C. 1/4 厚度

4. 进行仲裁试验时，缺口底部的粗糙度应低于（   ）μm。

A. 0.2   B. 0.6   C. 0.8

5. 对于非要求全焊透的焊缝，其焊透深度大于板厚的（   ）倍即可。

A. 0.4   B. 0.5   C. 0.7

二、多项选择题

1. 弯曲试验分为、和侧弯试验，当压力容器受压元件名义厚度大于 20mm 时，只做（   ）试验。

A. 面弯   B. 背弯   C. 侧弯

2. 弯曲试验分为、和侧弯试验，当压力容器受压元件名义厚度大于 20mm 时，只做（   ）试验。

A. 面弯   B. 背弯   C. 侧弯

3. 检验焊接接头力学性能的试验方法主要有试验、弯曲试验、试验和剪切试验（   ）等。

A. 腐蚀   B. 拉伸   C. 冲击

4. 耐压试验的目的是检验焊缝的（   ）和的强度。

A. 致密性   B. 受压元件   C. 密封元件

5. 密封性试验是用来检查（   ）和致密性的试验方法。

A. 泄放孔   B. 焊缝及接头   C. 法兰联结部位

6. 焊接检验的方法很多，按其特点总的可分为检验和检验两大类。

A. 破坏性   B. 非破坏性   C. 无损

7. 根据日常所发现的裂纹缺陷分析，产生裂纹的主要因素是（   ）造成焊后冷却太快等。

A. 焊接工艺不合理   B. 选用材料不当

C. 焊接应力过大

8. 产生未焊透缺陷的主要因素有（   ）。

A. 焊接规范选择不当，如电流太小，电弧过短或过长，焊接速度过快、金属未完全熔化

B. 坡口角度夹小、钝边过厚、对口试件间隙太小导致熔深减小

C. 焊接过程中，焊条和焊枪的角度不当导致电弧偏析或清根不彻底等

9. 产生未熔合缺陷的原因有（　　　）。

A. 焊接规范选择不当，电流过小，焊接速度太快，焊接电流的强度不够，产生的热能量太小，致使母材坡口或先焊的金属未能完全熔化

B. 电流过大，焊条过于发红而快速先熔化，在母材边缘还没有达到熔化温度的情况下就覆盖过去同时焊条散热太快而导致母材的开始端未熔化

C. 焊接时操作不当，焊条偏向某一边而另一边尚未熔化就被已熔化的金属掩盖过去形成虚焊现象

D. 坡口制备不良，坡处太潮湿。熔池氧化太快，焊条生锈或有油污而进行施焊等

三、简答题

1. 试简述焊接检验的依据？

2. 试简述焊接检验的分类？

3. 试简述焊接检验的五个环节？

4. 试简述焊接缺陷的分类？

5. 试简述焊接冷裂纹和热裂纹的种类及特征？

6. 试简述产生焊接缺陷的三个主要因素？

7. 试简述焊接缺陷对焊接结构的影响？

8. 试简述焊接缺陷性质与对焊接结构影响关系？

9. 试简述产生气孔的原因？

10. 试简述产生夹渣缺陷的原因？

参考答案

一、单项选择题

1. C　2. B　3. A　4. C　5. C

二、多项选择题

1. ABC　2. ABC　3. BC　4. AB　5. BC　6. AB　7. ABC　8. ABC　9. ABCD

三、简答题

1. 答案：（1）焊接结构设计说明书；（2）焊接技术标准；（3）工艺文件；（4）订货合同；（5）焊接施工图样；（6）焊接质量管理制度。

2. 答案：（1）焊缝接头机械性能试验；（2）焊缝接头冲击试验；（3）焊缝及熔敷金属拉伸试验。

3. 答案：（1）焊前检验；（2）焊接过程中检验；（3）焊后检验；（4）安装调试质量检验；（5）产品服役质量检验。

4. 答案：（1）裂纹；（2）未焊透；（3）未融合；（4）夹渣；（5）钨夹渣。

5. 答案：（1）热裂纹是在焊接过程中形成的，因此，大部分都产生在焊缝的填充部位以及熔合线部位，并埋藏于焊缝中；（2）冷裂纹也叫延时裂纹，一般都是在焊缝冷却过程中由于应力的影响而产生，有时还随着焊缝的组织的变化首先在焊缝内部形成组织晶界裂纹，经过一段时间之后才形成宏观裂纹，这类裂纹一般形成于焊缝的热影响区以及焊缝的表面。

6. 答案：温度高、温差大，偏析。

7. 答案：金属作为最常用的工程结构材料，往往要求具有如高温强度、低温韧性、耐腐蚀性及其他一些基本性能，并且要求在焊接之后仍然能够保持这些基本性能。焊接过程的特点主要是温度高、温差大，偏析现象很突出，金相组织差别比较大。因此，在焊接过程中往往会产生各种不同类型的焊接缺陷而遗留在焊缝中。如裂缝、未焊透、未熔合、气孔、夹渣以及夹钨等。从而降低了焊缝的强度性能，给安全生产带来很大的不利。

8. 答案：(1) 裂纹是焊缝中危害性最大的一种缺陷，它属于条面对面状缺陷，在常温下会导致焊缝的抗拉强度降低，并随着裂纹所占截面积的增加而引起抗拉强度大幅度下降。另外，裂纹的尖端是一个尖锐的缺口，应力集中很大，它会促使构件在低应力下扩展破坏。(2) 未焊透属于一种面状缺陷，通常都视为裂纹类缺陷，未焊透的存在会导致焊缝的有效截面减少，从而降低焊缝的强度。在应力主作用下很容易扩展形成裂纹导致构件破坏。若是连续性未焊透，更是一种极其危险的存在，所以焊缝中的未焊透是一种不允许存在的缺陷。(3) 未熔合缺陷大都是以面状存在于焊缝中，通常也被视为裂纹类型的缺陷。其实质就是一种虚焊现象，从而导致焊缝的有效面积减少，在交变应力高度集中的情况下致使焊缝的强度降低，塑性下降，最终造成焊缝开裂。在焊缝中是不允许存在未熔合缺陷的。(4) 夹渣是属于体积性缺陷，它的危害程度比面状缺陷要小。但是，夹渣缺陷的形状是多种多样的，并具有尖锐的边缘，在交变应力作用下，也很容易扩展形成裂纹而成脆性断裂；同时也会以减少焊缝的有效截面积而降低焊缝机械强度、塑性、韧性和耐腐蚀的能力以及疲劳极限。焊缝中的夹渣允许有限的存在，但必须按规程标准进行判定，不合格的夹渣缺陷也应当进行返修处理。(5) 焊缝中存在的钨夹渣缺陷的形状与一般的夹渣是一样的，因此，它的危害性与夹渣的危害性基本上是一致的。

9. 答案：一是冶金因素的影响，焊接熔池在凝固过程中界面上排出的氮、氢、氧、一氧化碳等气体以及水蒸汽来不及排出时被包裹在金属内部形成孔洞；二是工艺因素的影响，如焊接工艺规范选择不当、焊接电源的性质不同、电弧长度的控制、操作技能不规范等都会给气孔的形成提供条件。归纳起来有以下几点：(1) 焊接的基本金属或填充金属的表面有锈、油污、油漆或有机物质存在；(2) 焊条或焊剂没有充分烘干或焊条成分不当，焊条药皮变质；(3) 焊接电流过小电弧拉得过长或焊接速度太快，另外采用交流电焊接比采用直流电焊接易产生气孔；(4) 焊接时周围环境的空气湿度太大，阴雨天进行焊接特别容易形成气孔缺陷。

10. 答案：在焊接过程中，熔池中的熔化金属的凝固速度大于熔渣的上浮速度，在熔化金属凝固时熔渣来不及浮出熔池而被包裹在焊缝内，这就是夹渣。其影响的因素主要有以下几点：(1) 焊件的坡口设计不合理，坡口的角度太小。(2) 焊接规范选择不当，如焊接电流过小、焊接速度快。(3) 多层焊接时清渣不彻底。(4) 熔池中液态金属凝固过快，熔渣粒度过大不易浮出表面。(5) 焊件坡口处杂质及油污和有机物质清理不彻底，焊条的成分不当，药皮的熔点过高。焊接过程中未完全熔化而被裹在金属内。

第10章 螺栓连接力学性能检测

对于螺栓连接，可用目测、锤敲相结合的方法检查是否有松动或脱落，并用扭力（矩）扳手对螺栓的紧固性进行复查，尤其对高强螺栓的连接更应仔细检查。对螺栓的直径、个数、排列方式也要一一检查，是否有错位、错排、漏栓等。除此之外一般还要进行下述检验：螺栓实物最小载荷检验、扭剪型副预拉力复验、高强度大六角头螺栓连接副扭矩系数复验、高强度螺栓连接摩擦面的抗滑移系数检验等。

10.1 扭矩扳手

10.1.1 概述

钢结构的高强度螺栓连接是采用摩擦原理，要求连接板与两端的梁腹板之间有足够的摩擦力，而摩擦系数（连接板与腹板面粗糙程度一定时）是固定的，要想达到设计摩擦力就要有足够的正压力，高强度螺栓就是起到施加正压力的作用，因此就必须将它拧紧到一定程度，检验拧紧程度的方法就要达到足够的扭矩。《钢结构工程施工质量验收规范》GB/T 50205—2001 附录 B.0.3 高强度螺栓连接施工扭矩检验中规定：高强度螺栓连接副扭矩检验含初拧、复拧、终拧扭矩的现场无损检验。检验所用的扭矩扳手精度误差应不大于 3%，扭矩检验应在施拧 1h 后、48h 内完成。

10.1.2 技术参数

驱动型液压扭矩扳手（图 10-1）采用超高强度合金钢制造一体成型机身，可 360°×180° 旋转的油管接头，扳机式锁扣，可任意将 360° 微调式反作用力臂定于坚固的支点上，精度一般为 ±3%。实际工程中，可根据不同的螺母大小选择相应的扭矩扳手型号。

10.1.3 注意事项

（1）使用扳手不得超过其允许最大扭矩。

（2）不得拆除扳手上的护板，不得改变旋转接头上的安全阀。

图 10-1 驱动型液压扭矩扳手

（3）用插销将套筒驱动紧固以避免套筒脱落。

（4）严禁无油运转。

（5）扳手不用时，应即时关闭油泵电源。

（6）仪器应按时校检。

（7）扭矩检验应在施拧 1h 后、48h 内完成。

（8）每套连接副只因做一次试验，不得重复使用。在紧固中垫圈发生转动时，应更换连接副，重新试验。

（9）每组 8 套连接副扭矩系数的平均值应为 0.110～0.150，标准偏差小于或等于 0.010。

10.2 普通螺栓实物最小荷载检验

普通螺栓可采用普通扳手紧固，螺栓紧固应使被连接件接触面、螺栓头和螺母与构件表面密贴。普通螺栓紧固应从中间开始，对称向两边进行，大型接头应采用复拧。

普通螺栓作为永久性连接螺栓时，紧固时应符合下列规定：

（1）螺栓头和螺母侧应分别放置平垫圈，螺栓头侧放置的垫圈不多于 2 个，螺母侧放置的垫圈不多于 1 个；

（2）对于承受动力荷载或重要部位的螺栓连接，设计有防松动要求时，应采取有防松动装置的螺母和弹簧垫圈，弹簧垫圈放置在螺母侧；

（3）对工字钢、槽钢等有斜面的螺栓连接，宜采用斜垫圈；

（4）同一个连接接头螺栓数量不应少于 2 个；

（5）螺栓紧固后外露丝扣应不少于 2 扣，紧固质量检验可采用锤敲检验。

普通螺栓作为永久性连接螺栓时，当设计有要求或对其质量有疑义时，应进行螺栓实物最小拉力载荷复验。检查数量为每一规格螺栓抽查 8 个。

检验时用专用卡具将螺栓实物置于拉力试验机上进试验，为避免试件承受横向载荷，试验机的夹具应能自动调正中心，试验时夹头张拉的移动速度不超过 25mm/min。

10.3 高强度螺栓连接摩擦面的抗滑移系数检验

10.3.1 摩擦面处理及方法

高强度螺栓连接虽然分作摩擦型连接和承压型连接，但一般钢结构工程中所说的高强度螺栓连接都是指摩擦型连接。摩擦型高强度螺栓连接的基本原理是靠高强度螺栓紧固产生的强大夹紧力来夹紧被连接板件，依靠板件间接触面产生的摩擦力传递与螺杆轴垂直方向内力的。

板件表面处理方法不同，摩擦系数也不同，高强度螺栓摩擦面的常用处理方式有喷砂、酸洗、砂轮打磨和钢丝刷人工除锈四种方法。

10.3.2 基本要求

制造厂和安装单位应分别以钢结构制造批为单位进行抗滑移系数试验。制造批可按分部（子分部）工程划分规定的工程量每 2000t 为一批，不足 2000t 的可视为一批。选用两种及两种以上表面处理工艺时，每种处理工艺应单独检验。每批三组试件。

抗滑移系数试验应采用双摩擦面的两栓拼接的拉力试件如图 10-2 所示。

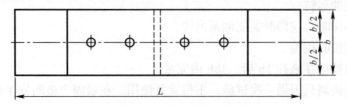

图 10-2 双摩擦面的两栓拼接

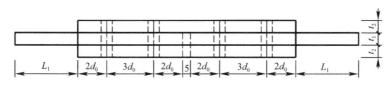

图 10-2　双摩擦面的两栓拼接（续）

试件钢板的厚度 t_1、t_2 应根据钢结构工程中有代表性的板材厚度来确定，同时应考虑在摩擦面滑移之前，试件钢板的净截面始终处于弹性状态；宽度 b 按表 10-1 取值，L_1 应根据试验机夹具的要求确定。

表 10-1

摩擦板板宽

螺栓直径 d	16	20	22	24	27	30
板宽 b	100	100	105	110	120	120

10.3.3　试件组装和准备

（1）将冲钉打入试件孔定位，然后逐个换成装有压力传感器或贴有电阻片的高强度螺栓，或换成同批经预拉力复验的扭剪型高强度螺栓。

（2）紧固高强度螺栓应分初拧、终拧。初拧应达到螺栓预拉力标准值的 50% 左右。终拧后，螺栓预拉力应符合下列规定：

1）装有压力传感器或贴有电阻片的高强度螺栓，实测控制试件每个螺栓的预拉力值应在 $0.95P \sim 1.05P$（P 为高强度螺栓设计预拉力值）之间。

2）不进行实测时，扭剪型高强度螺栓的预拉力可按同批复验预拉力的平均值取用。

10.3.4　试验方法

（1）试验用的试验机误差应在 1% 以内。

（2）试验用的贴有电阻片的高强度螺栓、压力传感器和电阻应变仪应在试验前用试验机进行标定，其误差应在 2% 以内。

（3）在试件侧面画出观察滑移的直线。

（4）将组装好的试件置于拉力试验机上，试件的轴线应与试验机夹具中心严格对中。

（5）加荷时，应先加 10% 的抗滑移设计值，停 1min 后，再平稳加荷，加荷速度为 $3 \sim 5$kN/s。直拉至滑动破坏，测得滑移荷载 N_v。

在试验中发生以下情况时，所对应的荷载可定为试件的滑移荷载：

1）试验机发生回针现象；

2）试件侧面划线发生错动；

3）X—Y 记录仪上变形曲线发生突变；

4）试件突然发生"嘣"的声响。

10.3.5　试验数据处理

抗滑移系数，应根据试验所测得的滑移荷载 N_v 和螺栓预拉力 P 的实测值计算（宜取小数点两位有效数字）。

$$\mu = \frac{N_v}{n_f \sum_{i=1}^{m} P_i}$$

式中：N_v——试验测得的滑移荷载（kN）；

     n_f——摩擦面面数，取 $n_f=2$；

$\sum_{i=1}^{m}P_i$——试件滑移一侧高强度螺栓预拉力实测值（或同批螺栓连接副的预拉力平均值）之和（取三位有效数字）（kN）；$i=1,\cdots\cdots,m$；

     m——试件一侧螺栓数量，取 $m=2$。

10.3.6   结果判定

测得的抗滑移系数最小值应符合设计要求。

10.4   扭剪型高强度螺栓连接副预拉力复验

10.4.1   基本规定

紧固预拉力（简称预拉力或紧固力）是高强度螺栓正常工作的保证，对于扭剪型高强度螺栓连接副，必须进行预拉力复验。

复验用的螺栓应在施工现场待安装的螺栓批中随机抽取，每批应抽取 8 套连接副进行复验。连接副预拉力可采用经计量检定、校准合格的各类轴力计进行测试。

采用轴力计方法复验连接副预拉力时，应将螺栓直接插入轴力计。紧固螺栓分为初拧、终拧两次进行，初拧应采用手动扭矩扳手或专用定扭电动扳手，初拧值应为预拉力标准值的 50% 左右。终拧应采用专用电动扳手，至尾部梅花头拧掉，读出预拉力值。

每套连接副只应做一次试验，不得重复使用。在紧固中垫圈发生转动时，应更换连接副，重新试验。

图 10-3   扭剪型螺栓

10.4.2   依据标准：《钢结构用扭剪型高强度螺栓连接副》GB/T 3632—2008

扭剪型高强度螺栓适用于铁路和公路桥梁、锅炉钢结构、工业厂房、高层民用建筑、塔桅结构、起重机械及其他钢结构摩擦型高强度螺栓连接。螺栓性能等级分为 10.9s 和 8.8s 特点：高强度螺栓连接副——高强度螺栓和与之配套的螺母、垫圈的总称。包括一个螺栓、一个螺母、一个垫圈（图 10-3）。

楔负载试验：与大六角头高强度螺栓方法相同，如图 10-4 所示。拉力荷载在表 10-2 范围内，断裂应发生在螺纹部分或螺纹与螺杆交接处。

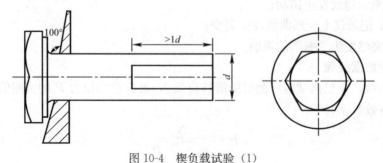

图 10-4   楔负载试验（1）

扭剪型高强度螺栓楔负载试验拉力载荷				表 10-2
螺纹规格 d	M16	M20	M22	M24
公称应力截面积 ASmm²	157	245	303	353
性能等级 10.9s　拉力载荷（kN）	163～195	255～304	315～376	367～438

当螺栓 L/d 小于等于 3 时，如不能进行楔负载试验，允许用拉力荷载试验或芯部硬度试验代替楔负载试验。拉力荷载应符合表 10-2 的规定，芯部硬度应符合表 10-3 的规定。螺母保证荷载应符合表 10-4 的规定。

芯部硬度值				表 10-3
性能等级	维氏硬度 HV30		洛氏硬度 HRC	
	min	max	min	max
10.9s	312	367	33	39

螺母保证荷载					表 10-4
螺纹规格		M16	M20	M22	M24
公称应力截面积（mm²）		157	245	303	353
10H	保证应力（N/mm²）	1040	1040	1040	1040
	保证载荷（kN）	183	255	315	367

（1）预拉力试验应在轴力计上进行，每一连接副（一个螺栓、一个螺母和一个垫圈）只能试验一次，螺母、垫圈亦不得重复使用。

（2）组装连接副时，垫圈有导角的一侧应朝向螺母支撑面。试验时，垫圈不得转动，否则试验无效。

（3）螺栓连接副预拉力的检验按批各取 8 套。

10.4.3　试验过程

（1）连接副预拉力可采用经计量检定、校准合格的轴力计进行测试。

试验用的电测轴力计、油压轴力计、电阻应变仪、扭矩扳手等计量器具，应在试验前进行标定，其误差不得超过 2%。

紧固螺栓分初拧、终拧两次进行，初拧值应为预拉力标准值的 50% 左右。终拧至梅花头拧掉，读出预拉力值。

（2）试验数据处理：

$$\overline{P} = \frac{1}{n} \sum\nolimits_{i=1}^{n} P_i \quad \sigma = \sqrt{\frac{\sum\nolimits_{i=1}^{n}(P_i - \overline{P})^2}{n-1}}$$

式中：$\overline{P}$——螺栓预拉力平均值，kN；

P_i——第 i 个螺栓预拉力，kN；

n——螺栓个数；

σ——预拉力标准偏差，kN。

（3）结果判定：

连接副预拉力应控制在表 10-5 所规定的范围，超出范围者，所测得的预拉力无效，且预拉力标准偏差应满足表 10-5 的要求。

预拉力及标准偏差要求　　　　　　　　　表 10-5

螺栓规格		M16	M20	M22	M24	M27	M30
每批紧固轴力的 平均值 AN	公称	110	171	209	248	319	391
	min	100	155	190	225	290	355
	max	121	188	230	272	351	430
紧固轴力标准偏差≤		10.0	15.5	19.0	22.5	29.0	35.5

10.5　高强度大六角头螺栓楔负载试验

将螺栓拧在带有内螺纹的专用夹具上（至少六扣），螺栓头下置一 10°楔垫（硬度为 HRC45~HRC50），再装在拉力试验机上进行楔负载试验如图 10-5 所示，试验拉力荷载见表 10-6。

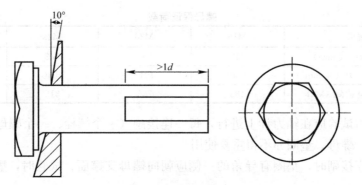

图 10-5　楔负载试验（2）

大六角头高强度螺栓楔负载试验拉力荷载　　　　　　表 10-6

螺纹规格			M12	M16	M20	M22	M24	M27	M30
公称应力截面积 Asmm²			84.3	157	245	303	353	459	561
性能检测 检测	10.9s	拉力荷载 （kN）	87.7~104.5	163~195	255~304	315~376	367~438	477~569	583~696
	8.8s		70~86.8	130~162	203~252	251~312	293~364	381~473	466~578

10.5.1　大六角头高强度螺栓芯部硬度试验

当螺栓 $L/d<3$ 时，如不能做楔负载试验，允许做芯部硬度试验。螺栓硬度试验在距螺杆末端等于螺纹直径 d 的截面上进行，对该截面距离中心的四分之一的螺纹直径处，任意测四点，取后三点平均值。芯部硬度值应符合表 10-7 的规定。

大六角头高强度螺栓芯部硬度值　　　　　　　表 10-7

性能等级	维氏硬度 HV30		洛氏硬度 HRC	
	min	max	min	max
10.9s	312	367	33	39
8.8s	249	296	24	31

10.5.2　高强度大六角头螺栓螺母保证载荷试验

将螺母拧入螺纹芯棒，进行试验时夹头的移动速度不应超过 3mm/min。对螺母施加表 10-8 规定的保证载荷，并持续 15s，螺母不应脱扣或断裂。当去除载荷后，应可用手将螺母旋出，或借助扳手松开螺母（但不应超过半扣）后用手旋出。在试验中，如果螺纹芯棒损坏，则试验作废。螺母保证载荷试验如图 10-6 所示。

大六角头高强度螺栓螺母保证荷载值表　　　　　　　表 10-8

螺纹规格		M12	M16	M20	M22	M24	M27	M30
10H	保证荷载（kN）	87.7	163	255	315	367	477	583
8H	保证荷载（kN）	70	130	203	251	293	381	466

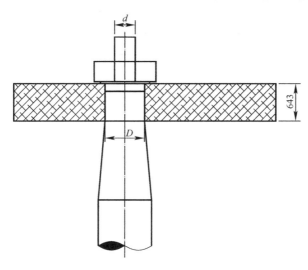

图 10-6　螺母保证载荷试验

10.5.3　高强度大六角头螺栓垫圈硬度试验

螺母硬度试验在螺母表面进行，任意测四点，取后三点平均值（图 10-7）。

在垫圈的表面上任测四点，取后三点平均值：垫圈的硬度为 329HV30～436HV30（35HRC～45HRC）。

10.5.4　高强度大六角头螺栓连接副扭矩系数试验

（1）连接副的扭矩系数试验是在轴力计上进行的，每一连接副只能试验一次，不得重复使用。每一连接副包括一个螺栓、一个螺母、两个垫圈，并应分属同批制造（图 10-8）。

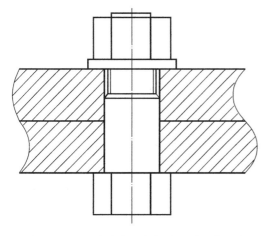

图 10-7　大六角头高强度螺栓垫圈硬度试验

图 10-8　大六角头螺栓

（2）施拧扭矩 T 是施加于螺母上的扭矩，其误差不得大于测试扭矩值的 2％使用的扭矩扳手准确度级别不低于《扭矩扳子检定规程》JJG 707—2014 中规定的 2 级。

（3）螺栓预拉力 P 用用轴力计测定，其误差不得大于测定螺栓预拉力值的 2％。轴力计的示值应在测定轴力值的 1kN 以下。

（4）进行连接副扭矩系数试验时，螺栓预拉力值 P 应控制在表 10-9 所规定的范围，超出范围者，所测得的扭矩系数无效。

大六角头高强度螺栓预拉力值范围　　　　　表 10-9

螺纹规格			M12	M16	M20	M22	M24	M27	M30
拉力荷载（kN）	10.9s	max	66	121	187	231	275	352	429
		min	54	99	153	189	225	288	351
	8.8s	max	55	99	154	182	215	281	341
		min	45	81	126	149	176	230	279

（5）组装连接副时，螺母下的垫圈有导角的一侧应朝向螺母支撑面。试验时，垫圈不得发生转动，否则试验无效。

（6）进行连接副扭矩系数试验时，应同时记录环境温度。试验所用的机具、仪表及连接副均应放置在该环境内至少 2h 以上。

$$K = T/(P \times d)$$

式中：K——扭矩系数；

$\qquad T$——施拧扭矩，Nm；

$\qquad d$——螺栓的螺纹规格，mm；

$\qquad P$——螺栓预拉力，kN。

（7）结果判定：

1）大六角头高强度螺栓连接副必须按规定的扭矩系数供货，同批连接副的扭矩系数平均值为 0.110～0.150，扭矩系数标准偏差应小于或等于 0.010。

2）连接副扭矩系数保证期为自出厂之日起六个月，用户如需延长保证期，可由供需双方协议解决。

3）螺栓、螺母、垫圈均应进行表面防锈处理，但经处理后的高强度大六角头螺栓连接副扭矩系数还必须符合 1）的规定。

10.5.5　计算实例

送检大六角头高强度螺栓规格为 M27×80mm，10.9s，共八套连接副，对高强度螺栓连接副进行扭矩系数复验。

（1）首先，对高强度螺栓连接副进行扭矩系数复验；

（2）螺栓施拧扭矩分别为（单位：N.m）：1120、1100、1120、1100、1120、1120、1120、1120；

（3）螺栓预拉力试验值分别为（单位：kN）：303、318、305、318、317、317、319、316。

检测结果计算见表 10-10。

		检测结果计算			表 10-10	
扭矩（N·m）	轴力（kN）	螺栓直径（mm）	扭矩系数	平均值	标准偏差
1120	303	27	0.137		
1100	318	27	0.128		
1120	305	27	0.136		
1100	318	27	0.128	0.132	0.003
1120	317	27	0.131		
1120	317	27	0.131		
1120	319	27	0.130		
1120	316	27	0.131		

10.6 高强度螺栓终拧扭矩检验

10.6.1 一般规定

检测人员在检测前，应了解工程使用的高强螺栓的型号、规格、扭矩施加方法。应根据高强螺栓的型号、规格，选择扭矩扳手的最大量程。工作值宜控制在被选用扳手的量限值 20%～80% 之间。扭矩扳手的检测精度误差不应大于 3%，且具有峰值保持功能。

对高强螺栓终拧扭矩施工质量的检测，应在终拧 1h 之后、48h 之内完成。

10.6.2 检验数量

按节点数抽查 10%，且不少于 10 个；每个抽查的节点螺栓数量不少于 10%，且不少于 2 个。

10.6.3 检测方法

高强螺栓终拧扭矩检测前，应清除螺栓及周边涂层。螺栓表面有锈蚀时，尚应进行除锈。

高强螺栓终拧扭矩检测，应经外观检查或敲击检查合格后进行。高强度螺栓连接副终拧后，螺栓丝扣外露应为 2～3 扣，其中允许有 10% 的螺栓丝扣外露 1 扣。用小锤（0.3kg）敲击法对高强度螺栓进行普查，敲击检查时，一手扶螺栓（或螺母），另一手敲击，要求螺母（或螺栓头）不偏移、不颤动、不松动，锤声清脆。

高强螺栓终拧扭矩检测采用松扣、回扣法，先在检查扳手套筒和拼接板面上作一直线标记，然后反向将螺栓拧松约 60°，再检查扳手将螺母拧回原位，使两条线重合，读取此时的扭矩值。

力必须加在手柄尾端，使用时用力要均匀、缓慢。扳手手柄上宜施加拉力而不是要推力。要调整操作姿势，防止操作失效时人员跌倒。

除有专用配套的加长柄或套管外，严禁在尾部加长柄或套管后，测定高强螺栓终拧扭矩。

使用后，擦拭干净放入盒内。定力扳手使用后要注意将示值调节到最小处。

若扳手长时间未用，在使用前应先预加载几次，使内部工作机构被润滑油均匀润滑。

10.6.4 检测结果的评价

对在终拧 1h 之后、48h 之内完成的高强度螺栓终拧扭矩检测结果，在 $0.9T_c$～$1.1T_c$ 范围内，则为合格。

对于终拧超过 48h 的高强螺栓检测，扭矩值的范围宜为 $0.85T_c \sim 1.15T_c$。其检测结果不宜用于施工质量的评价。

10.6.5　性能检测结果数值修约

试验测定的性能结果数值应按表 10-11 要求进行修约。修约的方法按照现行标准《数值修约规则与极限数值的表示和判定》GB/T 8170 进行。

检测结果数值修约　　　　　　　　　表 10-11

性能	范围	修约间隔
扭矩系数	$0.110 \sim 0.150$	0.001
抗滑移系数	$0.15 \sim 0.75$	0.01
保证应力	$<1000N/mm^2$	$5N/mm^2$
	$\geqslant 1000N/mm^2$	$10N/mm^2$
抗拉强度	$<1000N/mm^2$	$5N/mm^2$
	$\geqslant 1000N/mm^2$	$10N/mm^2$
硬度	$20 \sim 50HRC$	0.1HRC
紧固轴力	$<1000kN$	5kN

10.6.6　检测不确定度的估计

与材料无关的参数将各种误差源产生的误差累加在一起的方法已做相当详细的处理。最近，两个 ISO 文件（ISO5725-2 和测量不确定度的表达指南），对精密度和不确定度的估计给出了指导。

下面的分析采用了常规的方和根的方法。表 10-12 给出了高强度螺栓各种性能参数和误差与不确定度的期望值。

性能误差及不确定期望值　　　　　　　　　表 10-12

参数	性能误差（%）					
	扭矩系数		抗滑移系数		紧固轴力	抗拉强度
轴力	2	2	2	2	2	—
扭矩	2	4	2	4	—	—
拉力	—	—	1	1	—	1
不确定度期望值	±2.83	±4.47	±3	±4.58	±2	±1

与试样有关的参数对于室温检测，试样受施力速率（或应力速率）控制参数的影响明显的性能是扭矩系数、抗滑移系数、抗拉强度。应力速率对抗拉强度的影响等效误差可达±3%。

《钢结构用高强度大六角头螺栓、大六角螺母、垫圈技术条件》GB/T 1231—2006 中规定测扭矩系数时应满足：施拧扭矩 T 是施加于螺母上的扭矩，其误差不得大于测试扭矩值的 2%。

螺栓预应力用轴力计（或用测力环）测定，其误差不得大于测定螺栓预拉力值的 2%，轴力计的示值应在测定轴力值 1kN 以下。

10.7　网架原材料组合性能检测

钢管杆件与封板/锥头和螺栓球的连接，对空间网架结构的整体安全与稳定至关重要，是保证空间网架结构整体受力的基础。如果在杆件的拉力试验中，钢管杆件与封板/锥头与高强度螺栓与螺栓球的连接受力达不到相应国家标准或设计要求时，会对网架产生不利影响。则进行网架结构的杆件焊缝抗拉强度及螺栓球抗拉性能的检测至关重要。螺栓球节点零件推荐材料见表10-13。

螺栓球节点零件推荐材料 表 10-13

零件名称	推荐材料	材料标准编号	备注
钢球	45 号钢	《优质碳素结构钢》GB/T 699	
锥头或封板	Q235 钢	《碳素结构钢》GB/T 700	钢号宜与杆件一致
	Q345 钢	《低合金高强度结构钢》GB/T 1591	
套筒	Q235 钢	GB/T 700	套筒内孔径为 13～34mm
	Q345 钢	GB/T 1591	套筒内孔径为 37～65mm
	45 号钢	GB/T 699	
高强度螺栓	20MnTiB，40Cr，35CrMo	《合金结构钢》GB/T 3077	螺纹规格 M12～M24
	35VB，40Cr，35CrMo		螺纹规格 M27～M36
	35CrMo，40Cr		螺纹规格 M39～M64

10.7.1 检验依据

《钢网架螺栓球节点》JG/T 10—2009；

《钢网架焊接空心球节点》JG/T 11—2009；

《钢结构施工验收规范》GB 50205—2001。

10.7.2 检测要求、比例

对建筑结构安全等级为一级，跨度 40m 及以上的公共建筑钢网架结构，且设计有要求时，应按下列项目进行节点承载力试验其结果应符合以下规定：

（1）焊接球节点应按设计指定规格的球及其匹配的钢管焊接成试件，进行轴心拉压、承载力试验，其试验破坏荷载值大于等于 1.6 倍设计承载力为：合格。

（2）螺栓球节点应按设计指定规格的球最大螺栓孔螺纹进行抗拉强度保证荷载试验当达到螺栓的设计承载力时螺孔螺纹及封板仍完好无损为合格。检查数量：每项试验一组不少 3 个试件。

10.7.3 检测试验

封板或锥头与网架的连接焊缝拉力荷载试验，应在拉力试验机或有拉力的试验装置上进行，采用轴力拉力试验方法，试件简图如图 10-9，图 10-10，图 10-11（螺栓球及高强度螺栓拉力试件、钢管拉力试件拉力试件、钢管加高强度螺栓加螺栓球拉力试件），试验随机抽样后，取其端部两段，在开口端再焊上封板或锥头，其原材料试验应达到现行规范《金属材料 拉伸试验 第1部分：室温试验方法》GB/T 228.1 要求。

注意事项：

（1）组合性能试验试件长度要符合试验室拉力试验机的范围要求；

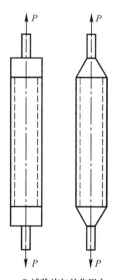

P-试验施加的作用力

图 10-9 钢管及高强度螺栓拉力试件

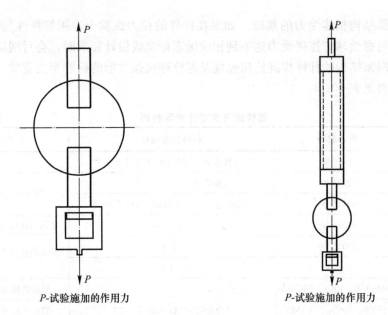

P-试验施加的作用力　　　　　　　　　　　P-试验施加的作用力

图 10-10　高强度螺栓加螺栓球拉力试件　图 10-11　钢管加高强度螺栓加螺栓球拉力试件

（2）进行组合性能试验时，要考虑试验仪器是否满足钢管拉力的量程范围，以免拉坏试验机。

10.7.4　试验结果的评定

组合性能承载力见表 10-14。

组合性能承载力　　　　　　　　　　　　　表 10-14

项次	试件设计受拉情况	达到承载力的要求
1	锥头或封板与钢管对接焊缝	与钢管等强、试件钢管母材达到破坏（试件抗拉强度应达到该试件钢管材料相应的国家标准 GB/T 700 或 GB/T 1591 的规定）
2	钢管杆件与空心球焊接	
3	高强螺栓轴向受拉	达到高强度螺栓的力学性能要求
4	螺栓球螺孔与高强度螺栓配合轴向抗拉拔试验	螺栓达到承载力，螺孔不坏

10.8　不合格的控制

当抽查一组 3 件中，如发现其中一件达不到要求时，判断为不合格产品；此时应加倍抽样复验，如复验合格可判断该产品为合格。

10.9 习题

一、单项选择题

1. 普通螺栓作为永久性连接螺栓时，当设计有要求或对其质量有疑义时，应进行螺栓实物最小拉力载荷复验。检查数量为每一规格螺栓抽查（　　）个。

　　A. 8　　　　　　B. 6　　　　　　C. 4　　　　　　D. 2

2. 检验时用专用卡具将螺栓实物置于拉力试验机上进试验，为避免试件承受横向载荷，试验机的夹具应能自动调正中心，试验时夹头张拉的移动速度不超过（　　）mm/min。

　　A. 20　　　　　B. 24　　　　　C. 25　　　　　D. 26

3. 对装有压力传感器或贴有电阻片的高强度螺栓，实测控制试件每个螺栓的预拉力值应在 $0.95P \sim 1.05P$（P 为高强度螺栓设计预拉力值）之间。

　　A. $0.90P \sim 1.05P$　　　　　　　　B. $0.95P \sim 1.05P$

　　C. $0.95P \sim 1.0P$　　　　　　　　D. $1.05P \sim 1.05P$

4. 螺栓硬度试验在距螺杆末端等于螺纹直径 d 的截面上进行，对该截面距离中心的（　　）的螺纹直径处，任测四点，取后三点平均值。

　　A. 1/4　　　　　B. 1/2　　　　　C. 1/3　　　　　D. 2/3

5. 将螺母拧入螺纹芯棒，进行试验时夹头的移动速度不应超过（　　）mm/min

　　A. 8　　　　　　B. 6　　　　　　C. 4　　　　　　D. 3

6. 试件钢板的厚度 t_1、t_2 应根据钢结构工程中有代表性的板材厚度来确定，同时应考虑在摩擦面滑移之前，试件钢板的净截面始终处于（　　）状态。

　　A. 弹性　　　　　B. 弹塑性　　　　　C. 塑性

7. 不进行实测时，扭剪型高强度螺栓的预拉力可按同批复验预拉力的（　　）。

　　A. 平均值　　　　B. 最大值　　　　C. 最小值

二、多项选择题

1. 普通螺栓作为永久性连接螺栓时，紧固时应符合下列规定（　　）。

　　A. 螺栓头和螺母侧应分别放置平垫圈，螺栓头侧放置的垫圈不多于 1 个，螺母侧放置的垫圈不多于 1 个

　　B. 对于承受动力荷载或重要部位的螺栓连接，设计有防松动要求时，应采取有防松动装置的螺母和弹簧垫圈，弹簧垫圈放置在螺母侧

　　C. 对工字钢、槽钢等有斜面的螺栓连接，不宜采用斜垫圈

　　D. 同一个连接接头螺栓数量不应少于 2 个

2. 板件表面处理方法不同，摩擦系数也不同，高强度螺栓摩擦面的常用处理方式有（　　）。

　　A. 喷砂　　　　　B. 碱洗　　　　　C. 砂轮　　　　　D. 钢丝刷

3. 高强度螺栓连接副—高强度螺栓和与之配套的螺母、垫圈的总称。包括（　　）。

　　A. 一个螺栓　　　B. 一个螺母　　　C. 一个垫圈

4. 紧固螺栓分为（　　）进行。

　　A. 初拧　　　　　B. 中拧　　　　　C. 终拧

5. 在试验中发生以下（　　）情况时，所对应的荷载可定为试件的滑移荷载。

A. 试验机发生回针现象

B. 试件侧面划线发生错动

C. X—Y 记录仪上变形曲线发生突变

D. 件突然发生"嘣"的声响

6. 芯部硬度值可以用（　　）衡量。

A. 维氏硬度　　　　B. 洛氏硬度　　　　　C. 杨氏硬度

7. 如果在杆件的拉力试验中，钢管杆件与（　　）与高强度螺栓与螺栓球的连接受力达不到相应国家标准或设计要求时，会对网架产生不利影响。

A. 封板　　　　　　B. 锥头　　　　　　　C. 螺帽

三、简答题

1. 连接力学性能检测的项目有哪些？

2. 试简述高强度螺栓连接摩擦面处理方法？

3. 试简述高强度螺栓连接摩擦面的抗滑移系数检验的试验方法？

4. 扭剪型高强度螺栓的适用范围？

5. 扭剪型高强度螺栓连接副的组成部分？

6. 试简述高强度大六角头螺栓螺母保证载荷试验的注意事项？

7. 试简述高强度大六角头螺栓连接副扭矩系数试验检测时的注意事项？

8. 试简述高强度大六角头螺栓连接副扭矩系数试验检测过程？

9. 网架原材料组合性能检测的依据？

10. 网架原材料组合性能检测的注意事项？

参考答案

一、单项选择题

1. B　2. C　3. B　4. B　5. D　6. A　7. A

二、多项选择题

1. BCD　2. ABCD　3. ABC　4. AC　5. ABCD　6. AB　7. AB

三、简答题

1. 答案：（1）普通螺栓实物最小荷载检验；（2）高强度螺栓连接摩擦面的抗滑移系数检验；（3）扭剪型高强度螺栓连接副预拉力复验；（4）高强度大六角头螺栓楔负载试验；（5）高强度螺栓终拧扭矩检验；（6）网架原材料组合性能检测。

2. 答案：高强度螺栓摩擦面的常用处理方式有喷砂、酸洗、砂轮打磨和钢丝刷人工除锈四种方法。

3. 答案：（1）试验用的试验机误差应在 1% 以内。（2）试验用的贴有电阻片的高强度螺栓、压力传感器和电阻应变仪应在试验前用试验机进行标定，其误差应在 2% 以内。（3）在试件侧面画出观察滑移的直线。（4）将组装好的试件置于拉力试验机上，试件的轴线应与试验机夹具中心严格对中。（5）加荷时，应先加 10% 的抗滑移设计值，停 1min 后，再平稳加荷，加荷速度为 3～5kN/s。直拉至滑动破坏，测得滑移荷载 N_v。

4. 答案：扭剪型高强度螺栓适用于铁路和公路桥梁、锅炉钢结构、工业厂房、高层民用建筑、塔桅结构、起重机械及其他钢结构摩擦型高强度螺栓连接。

5. 答案：一个螺栓、一个螺母、一个垫圈。

6. 答案：将螺母拧入螺纹芯棒，进行试验时夹头的移动速度不应超过 3mm/min。对螺母施加表 10-8 规定的保证载荷，并持续 15s，螺母不应脱扣或断裂。当去除载荷后，应可用手将螺母旋出，或借助扳手松开螺母（但不应超过半扣）后用手旋出。在试验中，如果螺纹芯棒损坏，则试验作废。

7. 答案：检测人员在检测前，应了解工程使用的高强螺栓的型号、规格、扭矩施加方法。应根据高强螺栓的型号、规格，选择扭矩扳手的最大量程。工作值宜控制在被选用扳手的量限值 20%～80% 之间。扭矩扳手的检测精度误差不应大于 3%，且具有峰值保持功能。对高强螺栓终拧扭矩施工质量的检测，应在终拧 1h 之后、48h 之内完成。

8. 答案：高强螺栓终拧扭矩检测前，应清除螺栓及周边涂层。螺栓表面有锈蚀时，尚应进行除锈。高强螺栓终拧扭矩检测，应经外观检查或敲击检查合格后进行。高强度螺栓连接副终拧后，螺栓丝扣外露应为 2～3 扣，其中允许有 10% 的螺栓丝扣外露 1 扣。用小锤（0.3kg）敲击法对高强度螺栓进行普查，敲击检查时，一手扶螺栓（或螺母），另一手敲击，要求螺母（或螺栓头）不偏移、不颤动、不松动，锤声清脆。高强螺栓终拧扭矩检测采用松扣、回扣法，先在检查扳手套筒和拼接板面上作一直线标记，然后反向将螺栓拧松约 60°，再检查扳手将螺母拧回原位，使两条线重合，读取此时的扭矩值。力必须加在手柄尾端，使用时用力要均匀、缓慢。扳手手柄上宜施加拉力而不是要推力。要调整操作姿势，防止操作失效时人员跌倒。除有专用配套的加长柄或套管外，严禁在尾部加长柄或套管后，测定高强螺栓终拧扭矩。使用后，擦拭干净放入盒内。定力扳手使用后要注意将示值调节到最小处。若扳手长时间未用，在使用前应先预加载几次，使内部工作机构被润滑油均匀润滑。

9. 答案：《钢网架螺栓球节点》JG/T 10—2009；《钢网架焊接空心球节点》JG/T 11—2009；《钢结构施工验收规范》GB 50205—2001。

10. 答案：封板或锥头与网架的连接焊缝拉力荷载试验，应在拉力试验机或有拉力的试验装置上进行，采用轴力拉力试验方法（螺栓球及高强度螺栓拉力试件、钢管拉力试件拉力试件、钢管加高强度螺栓加螺栓球拉力试件），试验随机抽样后，取其端部两段，在开口端再焊上封板或锥头，其原材料试验应达到现行规范《金属材料 拉伸试验 第 1 部分：室温试验方法》GB/T 228.1 要求。

第11章 防火涂层厚度检测

11.1 一般规定

（1）本节适应于钢结构厚型防火涂层厚度的检测。

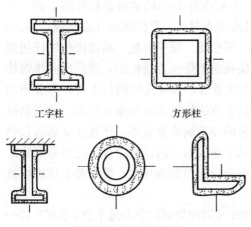

图 11-1 测点示意图

（2）防火涂层厚度的检测应在涂层干燥后进行。

（3）楼板和墙体的防火涂层厚度检测，可选两相邻纵、横轴线交叉的面积为一个构件，在其对角线上，按每米长度选 1 个测点，每个构件不应少于 5 个测点。

（4）梁、柱构件的防火涂层厚度检测，在构件长度内每隔 3m 取一个截面，且每个构件不应少于 2 个截面。对梁、柱构件的检测截面宜按图 11-1 所示布置测点。

（5）防火涂层厚度检测，应经外观检查合格后进行。

11.2 检测量具

（1）对防火涂层的厚度可采用测针和卡尺进行检测，用于检测的卡尺尾部应有可外伸的窄片。测针设备的量程应大于被测的防火涂层厚度。

（2）检测设备的分辨率不应低于 0.5mm。

11.2.1 概述

钢结构防火涂层主要有超薄型、薄型、厚型 3 种。对于超薄型防火涂层厚度，可以用涂层厚度仪进行检测。对薄型和厚型防火涂层的厚度可采用探针和卡尺进行检测，用于检测的卡尺尾部应有可外伸的窄片，且测量设备的量程应大于被测得防火涂层厚度。

11.2.2 技术参数

防火涂层厚度值较离散，过高的检测精度在实际工程中意义不大，同时为方便检测操作，对超薄型、薄型、厚型涂层的检测精度应不低于 0.5mm。

11.3 检测步骤

（1）检测前应清除测试点表面的灰尘、附着物等，并应避开构件的连接部位。

（2）在测点处，应将仪器的探针或窄片垂直插入防火涂层直至钢材防腐涂层表面，并记录标尺读数，测试值应精确到 0.5mm。

（3）当测针不易插入防火涂层内部时，可采取防火涂层局部剥脱的方法进行，剥脱面积不宜大于 15mm×15mm。

11.4 检测结果的评价

同一截面上各测点厚度的平均值不应小于设计厚度值的 85%，构件上所有测点的平均值不应小于设计厚度。

11.5 检测实例

钢结构防火涂层厚度测量示意图如图 11-2 所示，钢结构防火涂层厚度检测报告见表 11-1。

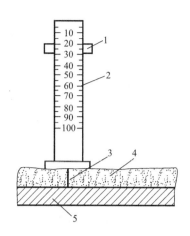

图 11-2 钢结构防火涂层厚度测量示意图
1—标尺；2—刻度；3—测针；
4—防火涂层；5—钢基材

钢结构防火涂层厚度检测报告　　　　表 11-1

工程名称	—		检验日期	—
验收规范	《钢结构工程施工质量验收规范》GB 50205—2001		设计厚度	$T=1.46$mm
检验标准	《钢结构防火涂料应用技术规范》CECS 24—1990 的规定			
检验仪器	仪器名称：涂层度测量仪　　　检定证书编号：			
涂（镀）层厚度检验结果				
构件编号	型号规格（mm）	检验部位	测点厚度单位（mm）	平均值
		头尾中部	1.52　1.53　1.54　1.56 1.51　1.58　1.56　1.50	1.54
		头尾中部	1.57　1.51　1.50　1.52 1.54　1.56　1.53　1.54	1.53
		头尾中部	1.54　1.56　1.56　1.56 1.52　1.53　1.54　1.57	1.55
		头尾中部	1.53　1.56　1.57　1.52 1.53　1.50　1.54　1.54	1.54
		头尾中部	1.54　1.52　1.53　1.54 1.56　1.50　1.56　1.53	1.54
		头尾中部	1.50　1.54　1.52　1.56 1.50　1.58　1.52　1.51	1.53
		头尾中部	1.58　1.56　1.54　1.57 1.53　1.54　1.51　1.50	1.54
		头尾中部	1.54　1.52　1.53　1.54 1.53　1.54　1.52　1.56	1.54

续表

构件编号	型号规格（mm）	检验部位	测点厚度单位（mm）				平均值
		头尾中部	1.50	1.54	1.50	1.53	1.52
			1.53	1.56	1.56	1.50	
		头尾中部	1.50	1.52	1.51	1.52	1.53
			1.56	1.54	1.51	1.57	
检验结论	主控项目一般项目均符合《钢结构工程施工质量验收规范》GB 50205—2001 及《钢结构防火涂料应用技术规程》CECS 24—1990 的规定						

施工单位	项目技术负责人	质检员	施工员	监理（建设）单位	监理工程师（建设单位项目专业技术负责人）

11.6 习题

单项选择题

1. 楼梯和墙体的防火涂层厚度检测，按每米长度选 1 个测点，每个构件不应少于（　　）个测点。

A. 3　　　　　　　B. 4　　　　　　　C. 5　　　　　　　D. 6

2. 梁、柱构件的防火涂层厚度检测，在构件长度内每隔 3m 取一个截面，且每个构件不应少于（　　）个截面。

A. 5　　　　　　　B. 4　　　　　　　C. 3　　　　　　　D. 2

3. 用于防火涂层厚度检测的设备，其分辨率不应低于（　　）mm。

A. 0.4　　　　　　B. 0.5　　　　　　C. 0.6　　　　　　D. 0.7

4. 当测针不易插入防火涂层内部时，可采取防火涂层局部剥脱的方法进行，剥脱面积不宜大于（　　）mm×（　　）mm。

A. 20，20　　　　　B. 15，15　　　　　C. 10，10　　　　　D. 15，20

5. 同一截面上各测点厚度的平均值不应小于设计厚度值的（　　），构件上所有测点的平均值不应小于设计厚度。

A. 80%　　　　　　B. 85%　　　　　　C. 90%　　　　　　D. 95%

参考答案

单项选择题

1. C　2. D　3. B　4. B　5. B

第 12 章　防腐涂层厚度检测

12.1　一般规定

（1）本节适应于钢结构防腐涂层厚度的检测。

（2）防腐涂层厚度的检测应在涂层干燥后进行。检测时构件表面不应有结露。

（3）同一构件应检测五处，每处应检测 3 个相距 50mm 的测点，测点部位的涂层应与钢材附着良好。

（4）使用涂层测厚仪检测时，应避免电磁干扰。

（5）防腐涂层厚度检测，应经外观检查合格后进行。

12.2　检测设备

（1）涂层厚度的最大量程不应小于 1200um，最小分辨率不应大于 2um，示值相对误差不应大于 3%。

（2）测试构件的曲率半径应符合仪器的使用要求，在弯曲试件的表面测量时，应考虑其对测试准确度的影响。

12.2.1　概述

根据测量原理，涂层测厚仪可以分为五类：

（1）磁性测厚法：适用于导磁材料上的非导磁层厚度测量，导致材料一般为：钢、铁、银、镍，此种方法测量精度高。

（2）涡流测厚法：适用于导电金属上的非导电层厚度测量，此种方法较磁性测厚法精度法。

（3）超声测厚法：适用于多层涂镀层厚度的测量或以上两种方法都无法测量的场合，但价格昂贵，测量精度也不高。

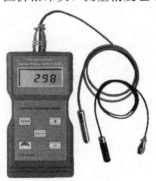

图 12-1　涂层测厚仪

（4）电解测厚法：此方法有别于以上三种，不属于无损检测，需要破坏涂镀层，一般精度也不高。

（5）放射测厚法：此种仪器价格较高，适用于一些特殊场合。

涂层测厚仪（图 12-1）一般采用磁性和涡流两种测厚方法，可无损地测量磁性金属基体（如钢、铁、合金、和硬磁性钢等）上非磁性覆盖层的厚度（如铝、铬、铜、珐琅、橡胶、油漆等）及非磁性金属基体（如铜、铝、锌、锡等）上非导电覆盖层的厚度（如：珐琅、橡胶、油漆、塑料等）。

12.2.2 技术参数

涂层测厚仪一般采用双功能内置式探头，自动识别铁基或非铁基体材料，并选择相应的测量方式进行精确测量，并可设定上下限值，测量结果超出或符合上下限数值时，仪器会发出相应的声音或闪烁提示。涂层测厚仪适用于温度为 $0\sim40℃$，现对湿度：$20\%\sim90$ ⋯⋯⋯⋯

⋯⋯可使用 6 种测头（F400、F1、F1/90、F10、N1、CN02）进行⋯⋯基本校准共 3 种校准方法。其测量范围为 $0\sim1250\mu m$，当测量⋯⋯率为 $0.1\mu m$，测量范围大于 $100\mu m$ 时，显示分辨率为 $1\mu m$。

⋯⋯量有影响，应使用与试件基体金属具有相同性质的标准片⋯⋯标准片的基体金属的磁性和表面粗糙度，应当与试件基⋯⋯

⋯⋯向，这种影响随着曲率半径的减少明显地增大。
⋯⋯不完全相同，有必要在每一测量面积内取几个读数。且覆⋯⋯在一给定的面积内进行多次测量，表面粗糙时更应如此。
⋯⋯表面紧密接触的附着物质敏感，测量前必须清楚附着物⋯⋯表面直接接触。
⋯⋯影响测量的读数，因此要保持压力恒定。
⋯⋯影响，测量中应当使测头与试样表面保持垂直。

⋯⋯件不少于 3 件。

⋯⋯，在检测区域内分布宜均匀，检测前应清除测试点表面的⋯⋯

⋯⋯校准宜采用二点校准，经校准后方可测试。

⋯⋯属具有相同性质的标准片对仪器进行校准，也可以用待⋯⋯再开机后，应对仪器进行重新校准。

⋯⋯或内转角处的距离不宜少于 20mm。探头与测点表面应垂直⋯⋯读取仪器显示的测量值，对测量值应进行打印或记录。

12.5 检测结果的评价

（1）每处 3 个测点的涂层厚度平均值不应小于设计厚度的 85%，同一构件上 15 个测点的涂层厚度平均值不应小于设计厚度。

（2）当设计对涂层厚度无要求时，涂层干漆膜总厚度：室外应为 $150\mu m$，室内应为 $125\mu m$，其允许偏差应为 $-25\mu m$。

12.6　其他检测

可以采用拉拔式附着力测试仪，附着力达到设计要求。具体符合国家相关标准规范。

12.7　检测实例

检测实例如图 12-2、图 12-3 所示，钢结构防腐涂层厚度检测报告见表 12-1。

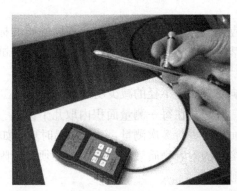

图 12-2　DR360 电镀层厚度检测仪　　　　　图 12-3　仿佛涂层现场检测

钢结构防腐涂层厚度检测报告　　　　　　　　　　　　　　　　　表 12-1

工程名称	某工程	施工单位	某公司	构件名称	钢梁	干漆膜厚度（μm）	125

序号	构件编号	\multicolumn{10}{c}{干漆膜厚度检测值（每一构件测5处，每处测三个相距50mm测点的平均值）}	备注

序号	构件编号	第一测处 每测点值	平均值	第二测处 每测点值	平均值	第三测处 每测点值	平均值	第四测处 每测点值	平均值	第五测处 每测点值	平均值	备注
1	GL1	120 120 115	118	115 110 115	113	120 110 110	113	110 115 115	113	110 110 115	112	
2	GL1	110 115 115	113	120 120 115	118	110 115 110	112	120 120 115	118	110 105 110	108	
3	GL1	110 115 120	115	115 115 120	117	120 120 120	117	105 105 110	107	110 110 110	110	
4	GL1	105 115 110	110	100 105 110	105	115 115 120	117	120 120 115	118	110 115 120	115	
5	GL1	115 115 120	117	115 115 120	117	105 105 110	107	110 115 120	115	120 115 120	118	
6	GL1	110 120 120	117	115 115 110	113	105 105 110	108	110 115 120	115	110 115 120	115	
7	GL1	120 115 120	118	115 115 110	113	105 105 105	105	120 120 120	120	115 115 120	118	
8	GL1	110 105 110	108	115 115 120	120	110 110 110	113	120 110 110	110	115 115 120	115	
9	GL1	110 115 115	115	120 120 115	118	105 110 110	105	105 105 105	107	110 110 110	110	
检查结论	\multicolumn{12}{l}{经检查，钢梁防腐涂料涂层厚度符合《钢结构工程施工质量验收规范》GB 50205 要求。}

施工单位	项目技术负责人：记录人：　　年　月　日	监理（建设）单位	监理工程师（建设单位代表）：　　年　月　日		代表：其他单位　　年　月　日

12.8 习题

单项选择题

1. 防腐涂层厚度检测，按构件数量 10%，且同类构件不应少于（　　）件。

A. 3　　　　　　　B. 4　　　　　　　C. 5　　　　　　　D. 6

2. 防腐涂层厚度检测测试时，测点距构件边缘或内转角处的距离不宜少于（　　）mm。

A. 15　　　　　　B. 20　　　　　　C. 25　　　　　　D. 30

3. 用于防腐涂层厚度检测的设备，其最大量程不应小于（　　）μm。

A. 1100　　　　　B. 1200　　　　　C. 1300　　　　　D. 1400

4. 用于防腐涂层厚度检测的设备，其分辨率不应大于（　　）μm。

A. 2　　　　　　　B. 2.5　　　　　　C. 3　　　　　　　D. 3.5

5. 用于防腐涂层厚度检测的设备，其相对误差不应大于（　　）。

A. 2%　　　　　　B. 3%　　　　　　C. 4%　　　　　　D. 5%

6. 当设计对涂层厚度无要求时，室外涂层干漆膜总厚度应为（　　）。

A. 125　　　　　　B. 135　　　　　　C. 140　　　　　　D. 150

7. 防腐涂层厚度检测，每处 3 个测点的涂层厚度平均值不应小于设计厚度的（　　）。

A. 80%　　　　　　B. 85%　　　　　　C. 90%　　　　　　D. 95%

参考答案

单项选择题

1. A　2. B　3. B　4. A　5. B　6. D　7. B

第 13 章　钢结构变形测量

13.1　变形的允许偏差与容许值

（1）单层钢结构中柱子安装的允许偏差应符合表 13-1 的规定。

单层钢结构中柱子安装的允许偏差（mm）　　　　表 13-1

项目			允许偏差	图例	检验方法
柱脚底座中心线对定位轴线的偏移			5.0		用吊线和钢尺检查
柱基准点标高		有吊车梁的柱	+3.0 −5.0	基准点	用水准仪检查
		有吊车梁的柱	+5.0 −8.0		
弯曲矢高			$H/1200$，且不应大于 15.0		用经纬仪或拉线和钢尺检查
柱轴线垂直度	单层柱	$H \leqslant 10\text{m}$	$H/1000$		用经纬仪或吊线和钢尺检查
		$H > 10\text{m}$	$H/1000$，且不应大于 25.0		
	多节柱	单节柱	$H/1000$，且不应大于 10.0		
		柱全高	35.0		

（2）钢吊梁安装的允许偏差应符合表 13-2 的规定。

钢吊梁安装的允许偏差（mm）　　　　　　　　　　　　　表 13-2

项目		允许偏差	图例	检验方法
梁的跨中垂直度 Δ		$h/500$		用吊线和钢尺检查
侧向弯曲矢高		$l/1500$，且不应大于 10.0		
垂直上拱矢高		10.0		
两端支座中心位移 Δ	安装在钢柱上时，对牛腿中心的偏移	5.0		用拉线和钢尺检查
	安装在混凝土柱上时，对定位轴线的偏移	5.0		
吊车梁支座加劲板中心与柱子承压加劲板中心的偏移 Δ_1		$t/2$		用吊线和钢尺检查
同跨间内同一横截面吊车梁顶面高差 Δ	支座处	10.0		用经纬仪、水准仪和钢尺检查
	其他处	15.0		
同跨间内同一横截面下挂式吊车梁底面高差 Δ		10.0		
同列相邻两柱间吊车梁顶面高差 Δ		$l/1500$，且不应大于 10.0		用水准仪和钢尺检查
相邻两吊车梁接头部位 Δ	中心错位	3.0		用钢尺检查
	上承式顶面高差	1.0		
	下承式底面高差	1.0		

项目	允许偏差	图例	检验方法
同跨间内任一截面的吊车梁中心跨距 $\triangle$	±10.0		用经纬仪和光电测距仪检查；跨度小时，可用钢尺检查
轨道中心对吊车梁腹板轴线的偏移 $\triangle$	$t/2$		用吊线和钢尺检查

（3）墙架、檩条等次要构件安装的允许偏差应符合表 13-3 的规定。

墙架、檩条等次要构件安装的允许偏差（mm） 表 13-3

项　目		允许偏差	检验方法
墙架立柱	中心线对定位轴线的偏移	10.0	用钢尺检查
	垂直度	$H/1000$，且不应大于 10.0	用经纬仪或吊线和钢尺检查
	弯曲矢高	$H/1000$，且不应大于 15.0	用经纬仪或吊线和钢尺检查
抗风桁架的垂直度		$h/250$，且不应大于 15.0	用吊线和钢尺检查
檩条、墙梁的间距		±5.0	用钢尺检查
檩条的弯曲矢高		$L/750$，且不应大于 12.0	用拉线和钢尺检查
墙梁的弯曲矢高		$L/750$，且不应大于 10.0	用拉线和钢尺检查

注：1. H 为墙架立柱的高度；
　　2. h 为抗风桁架的高度；
　　3. L 为檩条或墙梁的长度。

（4）钢平台、钢梯和防护栏杆安装的允许偏差应符合表 13-4 的规定。

钢平台、钢梯和防护栏杆安装的允许偏差（mm） 表 13-4

项　目	允许偏差	检验方法
平台高度	±15.0	用水准仪检查
平台梁水平度	$l/1000$，且不应大于 20.0	用水准仪检查
平台支柱垂直度	$H/1000$，且不应大于 15.0	用经纬仪或吊线和钢尺检查
承重平台梁侧向弯曲	$l/1000$，且不应大于 10.0	用拉线和钢尺检查

项　目	允许偏差	检验方法
承重平台梁垂直度	$h/250$，且不应大于 15.0	用吊线和钢尺检查
直梯垂直度	$l/1000$，且不应大于 15.0	用吊线和钢尺检查
栏杆高度	±15.0	用钢尺检查
栏杆立柱间距	±15.0	用钢尺检查

（5）多层及高层钢结构中构件安装的允许偏差应符合表 13-5 的规定。

多层及高层钢结构中构件安装的允许偏差（mm）　　　　　　表 13-5

项目	允许偏差	图例	检验方法
上、下柱连接处的错口 Δ	3.0		用钢尺检查
同一层柱的各柱顶高度差 Δ	5.0		用水准仪检查
同一根梁两端顶面的高差 Δ	$l/1000$，且不应大于 10.0		用水准仪检查
主梁与次梁表面的高差 Δ	±2.0		用直尺和钢尺检查
压型金属板在钢梁上相邻列的错位 Δ	15.0		用直尺和钢尺检查

（6）多层及高层钢结构主体结构总高度的允许偏差应符合表 13-6 的规定。

多层及高层钢结构主体结构总高度的允许偏差（mm）　　　　表 13-6

项目	允许偏差	图例
用相对标高控制安装	$\pm \sum (\Delta h + \Delta z + \Delta w)$	
用设计标高控制安装	$H/1000$，且不应大于 30.0 $-H/1000$，且不应大于 30.0	

注：1. Δh 为每节柱子长度的制造允许偏差；
　　2. Δz 为每节柱子长度受荷载后的压缩值；
　　3. Δw 为每节柱子接头焊缝的收缩值。

13.2　变形的检测方法

13.2.1　一般规定

（1）本节适用于钢结构或构件变形。

（2）变形检测可分为结构整体垂直度、整体平面弯曲以及构件垂直度、弯曲变形、跨中挠度等项目。

（3）在对钢结构或构件变形进行检测前，宜先清除饰面层；当构件各测试点饰面层厚度接近，且不明显影响评定结果，可不清除饰面层。

13.2.2　检测设备

钢结构或构件变形的测量可采用水准仪、经纬仪、激光垂准仪或全站仪等仪器。

用于钢结构或构件变形的测量仪器及其精度应符合现行行业标准《建筑变形测量规范》JGJ 8 的有关规定，变形测量级别可按三级考虑。

1. 概述

全站仪（图 13-1），即全站型电子速测仪（Electronic Total Station），是一种集光、机、电为一体的高技术测量仪器，是集水平角、垂直角、距离、（斜距、平距）、高差测量功能于一体的测绘仪器系统。因其一次安置仪器就可完成该测站上全部测量工作，所以称为全站仪。同电子经纬仪、光学经纬仪相比，全站仪增加了许多特殊部件，因此而使得全站仪具有比其他测角、测距仪器更多的功能，使用也更方便，这些特殊部件构成了全站仪独树一帜的特点。因此，全站仪广泛应用于大型建筑和地下隧道施工等精密工程测量或变形监测。

2. 技术参数

角度测量时，全站仪的精度可分为 0.5″、1″、2″、3″、5″、10″等几个等级。距离测量时，当测程小于 3km，精度为 ±（5mm＋5ppm）；测程为 3～15km 时，精度为 ±（5mm＋2ppm）～±（2mm

图 13-1　全站仪

＋2ppm）；测程大于 15km，精度为±（5mm＋1ppm）。全站仪的使用温度为－20～＋55℃，低温使用将降低电容量，高温使用将缩短电池寿命。

以 TPS1201 全站仪为例，其常规技术参数见表 13-7。

常规技术参数　　　　　　　　　　　　　　　　　表 13-7

部件	参数	
望远镜	放大倍率	30×
	调焦	1.7m 至无穷远
	物镜孔距	40mm
	视场	100m 处视场宽度 2.7m
水准仪	圆水准仪灵敏度：$6'/2mm$，电子水准器分辨率：$2''$	

3. 注意事项

（1）仪器应由专人使用、保管，日常工作中仪器的保管、运输及使用，应避免碰撞。

（2）每次使用前，应进行检查和校准。

（3）仪器发生故障时，应立即检修，否则会加剧仪器的损坏程度。

（4）测量时，应匀速旋转照准部，切忌急速转动。

（5）长期不用仪器时应定期通电，每 1～3 个月通电一次，每次约 1h。

（6）禁止用手指抚摸仪器的光学元件表面。

（7）清洁镜头时先用毛刷刷去尘土，然后用洁净的浸有无水酒精（乙醇）的棉布擦拭。

（8）室内、外温差较大时，仪器搬出室外或搬入室内，应隔一段时间后再开箱。

（9）当用全站仪检测时，如现场光线不佳、起灰尘、有振动，应用其他仪器对全站仪的测量结果进行对比判断。

13.2.3　检测技术

（1）应以设置辅助基准线的方法，测量结构或构件的变形；对变截面构件和有预起拱的结构或构件，尚应考虑其初始位置的影响。

（2）测量尺寸不大于 6m 的钢构件变形，可用拉线、吊线坠的方法，并应符合以下规定：

1）测量构件弯曲变形时，从构件两端拉紧一根细钢丝或细线，然后测量跨中位置与拉线之间的距离，该数值即是构件的变形。

2）测量构件的垂直度时，从构件上端吊一线坠直至构件下端，当线坠处于静止状态后，测量线坠中心与构件下端的距离，该数值即是构件的顶端侧向水平位移。

（3）测量跨度大于 6m 的钢构件挠度，宜采用全站仪或水准仪，并按下列方法进行检测：

1）钢构件挠度观测点应沿构件的轴线或边线布设，每一构件不得少于 3 点；

2）将全站仪或水准仪测得的两端和跨中的读数相比较，可求得构件的跨中挠度；

3）钢网架结构总拼完成及屋面工程完成后的挠度值检测，对跨度 24m 及以下钢网架结构测量下弦中央一点；对跨度 24m 以上钢网架结构测量下弦中央一点及各下弦跨度的四等分点。

4）挠度观测及计算方法按《建筑变形测量规范》JGJ 8—2007 进行。

（4）尺寸大于 6m 的钢构件垂直度、侧向弯曲矢高以及钢结构整体垂直度与整体平面弯曲宜采用全站仪或经纬仪检测。可用计算测点间的相对位置差的方法来计算垂直度和弯曲度，也可采用通过仪器引出基准线，放置量尺直接读取数值的方法。

（5）当测量结构或构件垂直度时，仪器应架设在与倾斜方向成正交的方向线上，且宜距被测目标 1~2 倍目标高度的位置。

（6）钢构件、钢结构安装主体垂直度检测，应测量钢构件、钢结构安装主体顶部相对于底部的水平位移与高差，并分别计算垂直度与倾斜方向。

（7）当采用全站仪检测，且现场光线不佳、起灰尘、有振动时，应用其他仪器对全站仪的测量结果进行对比判断。

13.2.4 检测结构的评价

（1）在建钢结构或构件变形应符合设计要求和现行国家标准《钢结构工程施工质量验收规范》GB 50205 及《钢结构设计规范》GB 50017 等有关规定。

（2）既有钢结构或构件变形应符合现行国家标准《民用建筑可靠性鉴定标准》GB 50292 和《工业建筑可靠性鉴定标准》GB 50144 等的有关规定。

13.3 检测实例

检测实例见表 13-8、表 13-9。

钢结构主体结构整体平面弯曲检验报告　　　　　　　　　　　　　表 13-8

工程名称				检验日期	
施工单位					
验收规范	《钢结构工程施工质量验收规范》GB 50205				
检验仪器	仪器名称：经纬仪　　　　检定证书编号：				
检验结果					
构件编号	型号规格（mm）	检验部位	垂直偏差（mm）		整体平面弯曲
		立面平面	6.0		16
		立面平面	6.0		18
		立面平面	8.0		19
		立面平面	8.0		15
		立面平面	4.0		12
		立面平面	6.0		14
		立面平面	4.0		16
检验结论	主体结构整体平面弯曲符合《钢结构工程施工质量验收规范》GB 50205				
施工单位	项目技术负责人	质检员	施工员	监理（建设）单位	监理工程师（建设单位项目专业技术负责人）

钢结构主体结构整体垂直度检验报告

表 13-9

工程名称					检验日期	
施工单位						
验收规范		《钢结构工程施工质量验收规范》GB 50205				
检验仪器		仪器名称：经纬仪		检定证书编号：		

检验结果

构件编号	型号规格（mm）	检验部位	水平偏差（mm）	整体垂直度
		柱底轴线对柱顶定位线	1.5	6.0
		柱底轴线对柱顶定位线	1.0	5.0
		柱底轴线对柱顶定位线	1.0	4.0
		柱底轴线对柱顶定位线	1.5	8.0
		柱底轴线对柱顶定位线	1.5	8.0

检验结论				主体结构整体平面弯曲符合《钢结构工程施工质量验收规范》GB 50205	
施工单位	项目技术负责人	质检员	施工员	监理 （建设）单位	监理工程师（建设单位项目专业技术负责人）

13.4 习题

一、单项选择题

1. 下列检测仪器中，不能用于变形检测的是（   ）。

A. 水准仪　　　　　B. 全站仪　　　　　C. 激光垂准仪　　　　D. 扭力扳手

2. 测量跨度大于 6m 的钢构件挠度，观测点应沿构件的轴线或边线布置，每一构件不得少于（   ）点。

A. 2　　　　　　　B. 3　　　　　　　C. 5　　　　　　　D. 7

3. 钢构件在（   ）过程中造成的变形及涂层脱落，应进行矫正和修补。

A. 运输　　　　　B. 堆放　　　　　C. 吊装　　　　　D. 以上都是

4. 设计要求顶紧的节点，接触面不应少于（   ）紧贴。

A. 50%　　　　　B. 60%　　　　　C. 70%　　　　　D. 80%

5. 检测单层结构主体结构的整体垂直度和整体平面弯曲时，应对主要立面全部检查，对每个所检查的立面，除（   ）角柱外，尚应至少选取一列中间柱。

A. 两列　　　　　B. 三列　　　　　C. 四列　　　　　D. 五列

6. 多层及高层钢结构安装柱时，每节柱的定位轴线就从（   ）直接引上。

A. 地面控制轴线　B. 下层柱的轴线　　C. 上层柱的轴线　　D. 下层梁的轴线

7. 钢结构安装检验批应在（   ）验收合格的基础上进行验收。

A. 进场验收　　　　　　　　　　　B. 焊接连接、制作

C. 紧固件连接、制作　　　　　　　D. 以上都是

8. 当钢构件安装在混凝土柱上时，其支座中心对定位轴线的偏差不应大于（   ）。

A. 10mm　　　　B. 30mm　　　　C. 50mm　　　　D. 80mm

9. 单层钢结构主体结构的整体垂直度允许偏差为（   ）mm。

A. 10.0　　　　　　　　　　　　B. 25.0

C. $H/1000$ 且不应大于 25.0　　　D. $H/1000$ 且不应大于 10.0

10. 多层或高层钢结构单节柱的垂直度允许偏差为（   ）mm。

A. 10.0　　　　　　　　　　　　B. 25.0

C. $H/1000$ 且不应大于 25.0　　　D. $H/1000$ 且不应大于 10.0

11. 构件变形检测可分为（   ）。

A. 垂直度　　　　B. 弯曲变形　　　C. 跨中挠度　　　D. 以上都是

12. 当测量结构或构件垂直度时，仪器应架设在与倾斜方向成正交的方向线上，且宜距被测目标（   ）目标高度的位置。

A. 1～2 倍　　　　B. 2～3 倍　　　C. 3～4 倍　　　D. 4～5 倍

13. 钢平台的平台高度允许偏差为（   ）mm。

A. ±10　　　　　B. ±15　　　　　C. ±20　　　　　D. ±25

14. 钢吊车梁的跨中垂直度允许偏差为（   ）mm。

A. $h/100$　　　　B. $h/200$　　　　C. $h/500$　　　　D. $h/1000$

15. 当测量墙架立柱的垂直度时，不可采用以下哪些方法进行检测。（   ）

A. 经纬仪　　　　B. 拉线　　　　　C. 吊线　　　　　D. 钢尺

16. 对跨度 24m 及以下钢网架测量挠度时应测量（　　）中央一点。

A. 下弦　　　　　B. 腹杆　　　　　C. 上弦　　　　　D. 任意

17. 对跨度 24m 以上钢网架测量挠度时应测量下弦中央一点及各向下弦跨度的（　　）。

A. 二等分点　　　B. 三等分点　　　C. 四等分点　　　D. 五等分点

二、简答题

1. 当测量尺寸不大于 6m 的钢构件变形，可以用拉线、吊线坠的方法进行，并应符合哪些规定？

2. 测量跨度大于 6m 的钢构件挠度宜采用全站仪或水准仪进行检测，并需要按哪些方法进行检测？

参考答案

一、单项选择题

1. D　2. B　3. D　4. C　5. A　6. A　7. D　8. A　9. C　10. D　11. D　12. A　13. B　14. C　15. B　16. A　17. C

二、简答题

1. 答案：（1）测量构件弯曲变形时，从构件两端拉紧一根细钢丝或细线，然后测量跨中位置与拉线之间的距离，该数值即是构件的变形。（2）测量构件的垂直度时，从构件上端吊一线坠直至构件下端，当线坠处于静止状态后，测量吊坠中心与构件下端的距离，该数值即是构件的顶端侧向水平位移。

2. 答案：（1）钢构件挠度观测点应沿构件的轴线或边线布设，每一构件不得少于 3 点；（2）将全站仪或水准仪测得的两端和跨中的读数相比较，可求得构件的跨中挠度；（3）钢网架结构总拼完成及屋面工程完成后的挠度值检测，对跨度 24m 及以下钢网架结构测量下弦中央一点；对跨度 24m 以上钢网架结构测量下弦中央一点及各下弦跨度的四等分点。（4）挠度观测及计算方法按《建筑变形测量规范》JGJ 8—2007 进行。

第 14 章　钢结构的可靠性鉴定与评估

14.1　概述

钢结构的可靠性鉴定有着十分重要的意义与社会价值。它能正确地评估钢结构建筑的客观实际的情况，是人们对钢结构进行加固、改造、事故处理最为重要的依据。所以说，钢结构可靠度的鉴定与评估过程必须要是科学的、正确的、规范的，只有这样，才能确保建筑物的安全与正常使用，推动钢结构建筑的发展。

钢结构建筑进行可靠性鉴定包括以下几种情况：

（1）达到设计使用年限拟继续使用时；

（2）用途或使用环境改变时；

（3）进行改造或改建或扩建时；

（4）遭受灾害或事故时；

（5）存在较严重的质量缺陷或者出现较严重的腐蚀、损伤、变形时。

为了能做好这些工作，首先要对钢结构建筑物进行现场检测。根据检测数据，对钢结构的安全性、适用性和耐久性进行客观、正确的鉴定，全面了解钢结构所存在的问题，最终得出建筑物的可靠性鉴定。在钢结构可靠性鉴定的基础上，才能分析各种因素，对实际工程需求作出安全、合理、经济、可行的方案。

14.1.1　鉴定方法

根据被鉴定钢结构建、构筑物的结构体系、构造特点、工艺布置等不同，将复杂的钢结构体系分为相对简单的若干层次，然后分层分项地对钢结构进行检查，再逐层逐步地进行综合。

民用钢结构鉴定评级划分为构件（含连接）、子单元和鉴定单元三个层次，把安全性和可靠性鉴定分别划分为四个等级；把使用性鉴定划分为三个等级。然后根据每一层次各检查项目的检查评定结果确定其安全性、使用性和可靠性的等级。

工业钢结构厂房可靠性鉴定评级划分为三个层次，最高层次为鉴定单元，中间层次为结构系统，最低层次（即基础层次）为构件。其中结构系统和构件两个层次的鉴定评级，包括安全性等级和使用性等级评定，需要时可根据安全性和使用性评级综合评定其可靠性等级。安全性分四个等级，使用性分三个等级，各层次的可靠性分四个等级。

14.1.2　鉴定程序

为了能够更好地指导检测单位对钢结构建筑进行规范鉴定工作，根据我国钢结构建筑可靠性鉴定的长期实践经验，同时在参考了其他国家有关的标准、指南和手册的基础上，确定了这种系统性鉴定的工作程序。

钢结构的可靠性鉴定一般程序包括：明确鉴定的目标、范围、内容；初步调查；制订鉴定方案；详细调查与检测；可靠性分析与验算；可靠性评定；鉴定报告等。在可靠性鉴定过程中，若发现调查检测资料不足或不准确时，要及时进行补充调查、检测。对于那些存在问题十分明显且特别严重，但通过状态分析与初步校核能作出明确判断的工程项目，实际应用鉴定程序时可以根据实际情况和鉴定要求作适当的简化。检测单位在按照上述的鉴定程序执行时，不能生搬硬套，而要根据实际问题的性质进行具体安排，从而能更好地开展检测鉴定工作。

14.1.3　鉴定内容

接受鉴定委托时根据委托方提出的鉴定原因和要求，经协商后确定鉴定的目的、范围和内容。通过查阅图纸资料、调查钢结构建筑的历史情况、考察现场、调查钢结构的实际状况、使用条件、内外环境，以及目前存在的问题以确定详细调查与检测的工作大纲，拟订鉴定方案。鉴定方案应根据鉴定对象的特点和初步调查结果、鉴定目的和要求制订。鉴定方案的内容应包括检测鉴定的依据、详细调查与检测的工作内容、检测方案和主要检测方法、工作进度计划及需由委托方完成的准备工作等。这些都是搞好后续工作的前提条件，是进入现场进行详细调查、检测需要做好的准备工作。同时，接受鉴定委托，不仅要明确鉴定目的、范围和内容，同时还要按规定要求搞好初步调查，特别是对比较复杂或陌生的工程项目更要做好初步调查工作，才能起草制订出符合实际、符合要求的鉴定方案，确定下一步工作大纲并指导以下的工作。

这些工作内容，可根据实际鉴定需要进行选择，其中绝大部分是需要在现场完成的。工程鉴定实践表明，搞好现场详细调查与检测工作，才能获得可靠的数据、必要的资料，是进行下一步可靠性分析、验算与评定工作的基础，也就是说，确保详细调查与检测工作的质量，是决定可靠性鉴定工作好坏的关键之一。

14.2　民用建筑钢结构可靠性鉴定

为了更好地取得能民用建筑的可靠性鉴定结论，以分级模式设计的评定程序为依据，可以将复杂的建筑结构体系分为相对简单的若干层次，然后分层分项地对房屋建筑进行检查，再逐层逐步地进行综合。为此，根据民用建筑的特点，在分析结构失效过程逻辑关系的基础上，可以将被鉴定的建筑物划分为构件（含连接）、子单元和鉴定单元三个层次，把安全性和可靠性鉴定分别划分为四个等级；把使用性鉴定划分为三个等级。然后根据每一层次各检查项目的检查评定结果确定其安全性、使用性和可靠性的等级。

民用建筑安全性和正常使用性的鉴定评级，按构件（含节点、连接，以下同）、子单元和鉴定单元各分三个层次。每一层次分为四个安全性等级和三个使用性等级，并且是按表 14-1 规定的检查项目和步骤，从第一层开始，逐层进行：

可靠性鉴定评级的层次、等级划分及工作内容 表 14-1

层次		一	二		三
层名		构件	子单元		鉴定单元
	等级	a_u、b_u、c_u、d_u	A_u、B_u、C_u、D_u		A_{su}、B_{su}、C_{su}、D_{su}
安全性鉴定	地基基础	一	地基变形评级	地基基础评级	鉴定单元安全性评级
		按同类材料构件各检查项目评定单个基础等级	边坡场地稳定性评级		
			地基承载力评级		
	上部承重结构	按承载能力、构造、不适于承载的位移或损伤等检查项目评定单个构件等级	每种构件集评级	上部承重结构评级	
			结构侧向位移评级		
		一	按结构布置、支撑、圈梁、结构间连系等检查项目评定结构整体性等级		
	围护系统承重部分	按上部承重结构检查项目及步骤评定围护系统承重部分各层次安全性等级			
	等级	a_s、b_s、c_s	A_s、B_s、C_s		A_{ss}、B_{ss}、C_{ss}
使用性鉴定	地基基础	一	按上部承重结构和围护系统工作状态评估地基基础等级		鉴定单元正常使用性评级
	上部承重结构	按位移、裂缝、风化、锈蚀等检查项目评定单个构件等级	每种构件评级	上部承重结构评级	
			结构侧向位移评级		
	围护系统功能	一	按屋面防水、吊顶、墙、门窗、地下防水及其他防护设施等检查项目评定围护系统功能等级	围护系统评级	
		按上部承重结构检查项目及步骤评定围护系统承重部分各层次使用性等级			
	等级	a、b、c、d	A、B、C、D		Ⅰ、Ⅱ、Ⅲ、Ⅳ
可靠性鉴定	地基基础	以同层次安全性和正常使用性评定结果并列表达，或按本标准规定的原则确定其可靠性等级			鉴定单元可靠性评级
	上部承重结构				
	围护系统				

按照上述表格的层次划分及工作内容，先根据构件各检查项目评定结果，确定单个构件等级；然后根据子单元各检查项目及各构件集的评定结果，确定子单元等级；最后，根据各子单元的评定结果，确定鉴定单元等级。

鉴定评级标准如下：

1. 民用钢结构安全性鉴定评级

民用钢结构安全性鉴定分级标准见表 14-2。

安全性鉴定分级标准　　　　　　　　　　　　　　　　　　　　　　　　　表 14-2

层次	鉴定对象	等级	分级标准	处理要求
一	单个构件或其检查项目	a_u	安全性符合本标准对 a_u 级的要求，具有足够的承载能力	不必采取措施
		b_u	安全性略低于本标准对 a_u 级的要求，尚不显著影响承载能力	可不采取措施
		c_u	安全性不符合本标准对 a_u 级的要求，显著影响承载能力	应采取措施
		d_u	安全性不符合本标准对 a_u 级的要求，已严重影响承载能力	必须及时或立即采取措施
二	子单元或子单元中的某种构件集	A_u	安全性符合本标准对 A_u 级的要求，不影响整体承载	可能有个别一般构件应采取措施
		B_u	安全性略低于本标准对 A_u 级的要求，尚不显著影响整体承载	可能有极少数构件应采取措施
		C_u	安全性不符合本标准对 A_u 级的要求，显著影响整体承载	应采取措施，且可能有极少数构件必须立即采取措施
		D_u	安全性极不符合本标准对 A_u 级的要求，严重影响整体承载	必须立即采取措施
三	鉴定单元	A_{su}	安全性符合本标准对 A_{su} 级的要求，不影响整体承载	可能有极少数一般构件应采取措施
		B_{su}	安全性略低于本标准对 A_{su} 级的要求，尚不显著影响整体承载	可能有极少数构件应采取措施
		C_{su}	安全性不符合本标准对 A_{su} 级的要求，显著影响整体承载	应采取措施，且可能有极少数构件必须及时采取措施
		D_{su}	安全性严重不符合本标准对 A_{su} 级的要求，严重影响整体承载	必须立即采取措施

注：表中关于"不必采取措施"和"可不采取措施"的规定，仅对安全性鉴定而言，不包括使用性鉴定所要求采取的措施。

2. 民用钢结构使用性鉴定评级

民用钢结构使用性鉴定分级标准见表 14-3。

使用性鉴定分级标准　　　　　　　　　　　　　　　　　　　　　　　　　表 14-3

层次	鉴定对象	等级	分级标准	处理要求
一	单个构件或其检查项目	a_s	使用性符合本标准对 a_s 级的要求，具有正常的使用功能	不必采取措施
		b_s	使用性略低于本标准对 a_s 级的要求，尚不显著影响使用功能	可不采取措施
		c_s	使用性不符合本标准对 a_s 级的要求，显著影响使用功能	应采取措施
二	子单元或其中某种构件集	A_s	使用性符合本标准对 A_s 级的要求，不影响整体使用功能	可能有极少数一般构件应采取措施
		B_s	使用性略低于本标准对 A_s 级的要求，尚不显著影响整体使用功能	可能有极少数构件应采取措施
		C_s	使用性不符合本标准对 A_s 级的要求，显著影响整体使用功能	应采取措施
三	鉴定单元	A_{ss}	使用性符合本标准对 A_{ss} 级的要求，不影响整体使用功能	可能有极少数一般构件应采取措施
		B_{ss}	使用性略低于本标准对 A_{ss} 级的要求，尚不显著影响整体使用功能	可能有极少数构件应采取措施
		C_{ss}	使用性不符合本标准对 A_{ss} 级的要求，显著影响整体使用功能	应采取措施

注：1. 表中关于"不必采取措施"和"可不采取措施"的规定，仅对使用性鉴定而言，不包括安全性鉴定所要求采取的措施；
　　2. 当仅对耐久性问题进行专项鉴定时，表中"使用性"可直接改称为"耐久性"。

3. 民用钢结构可靠性鉴定评级

民用钢结构可靠性鉴定分级标准见表 14-4。

可靠性鉴定分级标准 表 14-4

层次	鉴定对象	等级	分级标准	处理要求
一	单个构件	a	可靠性符合本标准对 a 级的要求，具有正常的承载功能和使用功能	不必采取措施
		b	可靠性略低于本标准对 a 级的要求，尚不显著影响承载功能和使用功能	可不采取措施
		c	可靠性不符合本标准对 a 级的要求，显著影响承载功能和使用功能	应采取措施
		d	可靠性极不符合本标准对 a 级的要求，已严重影响安全	必须及时或立即采取措施
二	子单元或其中的某种构件	A	可靠性符合本标准对 A 级的要求，不影响整体承载功能和使用功能	可能有个别一般构件应采取措施
		B	可靠性略低于本标准对 A 级的要求，但尚不显著影响整体承载功能和使用功能	可能有极少数构件应采取措施
		C	可靠性不符合本标准对 A 级的要求，显著影响整体承载功能和使用功能	应采取措施，且可能有极少数构件必须及时采取措施
		D	可靠性极不符合本标准对 A 级的要求，已严重影响安全	必须及时或立即采取措施
三	鉴定单元	Ⅰ	可靠性符合本标准对 Ⅰ 级的要求，不影响整体承载功能和使用功能	可能有极少数一般构件应在安全性或使用性方面采取措施
		Ⅱ	可靠性略低于本标准对 Ⅰ 级的要求，尚不显著影响整体承载功能和使用功能	可能有极少数构件应在安全性或使用性方面采取措施
		Ⅲ	可靠性不符合本标准对 Ⅰ 级的要求，显著影响整体承载功能和使用功能	应采取措施，且可能有极少数构件必须及时采取措施
		Ⅳ	可靠性极不符合本标准对 Ⅰ 级的要求，已严重影响安全	必须及时或立即采取措施

14.3 钢结构构件安全性检测鉴定

钢结构构件的安全性鉴定，也是按照承载能力、构造以及不适于承载的位移（或变形）三个检查项目来分别评定每一受检构件的安全性等级的。其中，钢结构节点、连接域的安全性鉴定是根据承载能力和构造分别评定每一节点、连接域等级的；对冷弯薄壁型钢结构、轻钢结构、钢桩以及地处有腐蚀性介质的工业区，或高湿、临海地区的钢结构，是根据不适于承载的锈蚀作为检查项目并且评定其等级，然后取其中最低一级作为该构件的安全性等级的。

14.3.1 按承载能力评定钢结构构件的安全性等级

当按承载能力评定钢结构构件的安全性等级时，要按表 14-5 的规定分别评定每一验算项目的等级，并取其中最低等级作为该构件承载能力的安全性等级。

按承载能力评定的钢结构构件安全性等级 表 14-5

构件类别	安全性等级			
	a_u 级	b_u 级	c_u 级	d_u 级
主要构件及节点、连接域	$R/(\gamma_0 S)\geqslant 1.00$	$R/(\gamma_0 S)\geqslant 0.95$	$R/(\gamma_0 S)\geqslant 0.90$	$R/(\gamma_0 S)<0.90$ 或当构件或连接出现脆性断裂、疲劳开裂或局部失稳变形迹象时
一般构件	$R/(\gamma_0 S)\geqslant 1.00$	$R/(\gamma_0 S)\geqslant 0.90$	$R/(\gamma_0 S)\geqslant 0.85$	$R/(\gamma_0 S)<0.85$ 或当构件或连接出现脆性断裂、疲劳开裂或局部失稳变形迹象时

注：1. 表中 R 和 S 分别为结构构件的抗力和作用效应，按现行《民用建筑可靠性鉴定标准》GB 50292 第 5.1.2 条的要求确定；γ_0 为结构重要性系数，按《建筑结构可靠度设计统一标准》GB 50068 和《钢结构设计规范》GB 50017 或国家现行相关规范的规定选择安全等级，并确定本系数的取值；

2. 结构倾覆、滑移、疲劳、脆断的验算，按国家现行相关规范的规定进行；

3. 节点、连接域的验算包括其板件和连接的验算。

14.3.2 按构造评定钢结构构件的安全性等级

在钢结构的安全事故中，由于构件构造或节点连接构造不当而引起的各种破坏（如失稳以及过度应力集中、次应力所造成的破坏等等）占有相当的比例，这是因为在任何情况下，构造的正确性与可靠性总是钢结构构件保持正常承载能力的最重要保证。一旦构造（特别是节点连接构造）出了严重问题，便会直接危及结构构件的安全。为此，将它们列为与承载能力验算同等重要的检查项目。与此同时，考虑到钢结构构件的构造与节点、连接构造在概念与形式上的不同，因此钢结构节点、连接构造的评定内容也需要单独进行安全性评级。在按构造评定钢结构构件的安全性等级时，通常按表 14-6 的规定分别评定每个检查项目的等级，并取其中最低等级作为该构件构造的安全性等级。

按构造评定的钢结构构件安全性等级 表 14-6

检查项目	安全性等级	
	a_u 级或 b_u 级	c_u 级或 d_u 级
构件构造	构件组成形式、长细比或高跨比、宽厚比或高厚比等符合国家现行相关规范要求；无缺陷，或仅有局部表面缺陷；工作无异常	构件组成形式、长细比或高跨比、宽厚比或高厚比等不符合国家现行相关规范要求；存在明显缺陷，已影响或显著影响正常工作
节点、连接构造	节点构造、连接方式正确，符合国家现行相关规范要求；构造无缺陷或仅有局部的表面缺陷，工作无异常	节点构造、连接方式不当，不符合国家现行相关规范要求；构造有明显缺陷，已影响或显著影响正常工作

注：1. 构造缺陷还包括施工遗留的缺陷：对焊缝系指夹渣、气泡、咬边、烧穿、漏焊、少焊、未焊透以及焊脚尺寸不足等；对铆钉或螺栓系指漏铆、漏栓、错位、错排及掉头等；其他施工遗留的缺陷根据实际情况确定；

2. 节点、连接构造的局部表面缺陷包括焊缝表面质量稍差、焊缝尺寸稍有不足、连接板位置稍有偏差等；节点、连接构造的明显缺陷包括焊接部位有裂纹、部分螺栓或铆钉有松动、变形、断裂、脱落或节点板、连接板、铸件有裂纹或显著变形等。

14.3.3 按不适于承载的位移或变形评定钢结构构件的安全性

对钢桁架（屋架、托架）的挠度，当其实测值大于桁架计算跨度的 $l/400$ 时，就要按承载能力评定其安全性等级。验算时还要考虑由于位移产生的附加应力的影响，如果验算结果不低于 b_u 级，仍定为 b_u 级，但应当另外观察使用一段时间；如果验算结果低于 b_u 级，则应根据其实际严重程度定为 c_u 级或 d_u 级。另外，当桁架顶点的侧向位移实测值大于桁架高度的 1/200，并且有可能发展时，也定为 c_u 级或 d_u 级。

对于其他以受弯为主要承载方式的钢结构构件，根据构件挠度或偏差造成的侧向弯曲值，结合表 14-7 来进行评级。

钢结构受弯构件不适于承载的变形的评定　　　　　表 14-7

检查项目	构件类别			c_u 级或 d_u 级
挠度	主要构件	网架	屋盖（短向）	$>l_s/250$，且可能发展
			楼盖（短向）	$>l_s/200$，且可能发展
		主梁、托梁		$>l_0/200$
	一般构件	其他梁		$>l_0/150$
		檩条梁		$>l_0/100$
侧向弯曲的矢高	深梁			$>l_0/400$
	一般实腹梁			$>l_0/350$

注：表中 l_0 为构件计算跨度；l_s 为网架短向计算跨度。

对于钢结构构件柱顶的水平位移（或倾斜）实测值大于相关标准所列的限值的情况，如果位移与整个结构有关，应根据评定结果，取与上部承重结构相同的级别作为该柱的水平位移等级；若该位移只是孤立事件，就将这一附加位移的影响考虑到承载能力验算中，验算结果不低于 b_u 级时，仍定为 b_u 级，但应当额外观察使用一段时间，当验算结果低于 b_u 级时，则根据其实际严重程度定为 c_u 级或 d_u 级；若该位移还在发展，应该直接定为 d_u 级。

偏差超限或其他使用原因有时会引起的柱（包括桁架受压弦杆）的弯曲，当弯曲矢高实测值大于柱的自由长度的 1/660 时，就要在承载能力的验算中考虑其所引起的附加弯矩的影响。如果验算结果不低于 b_u 级，仍定为 b_u 级，但应当另外观察使用一段时间，验算结果低于 b_u 级，则根据其实际严重程度定为 c_u 级或 d_u 级。

对钢桁架中有整体弯曲变形但无明显局部缺陷的双角钢受压腹杆，其整体弯曲变形不大于表 14-8 规定的限值时，其安全性可根据实际完好程度评为 a_u 级或 b_u 级；若整体弯曲变形已大于该表规定的限值时，应根据实际严重程度评为 c_u 级或 d_u 级。

钢桁架双角钢受压腹杆双向弯曲变形限值　　　　　表 14-8

$\sigma = N/\phi A$	对 a_u 级和 b_u 级压杆的双向弯曲限值			
	方向	弯曲矢高与杆件长度之比		
f	平面外	1/550	1/750	$\leqslant 1/850$	—
	平面内	1/1000	1/900	1/800	—
$0.9f$	平面外	1/350	1/450	1/550	$\leqslant 1/850$
	平面内	1/1000	1/750	1/650	1/500
$0.8f$	平面外	1/250	1/350	1/550	$\leqslant 1/850$
	平面内	1/1000	1/500	1/400	1/350
$0.7f$	平面外	1/200	1/250	$\leqslant 1/300$	—
	平面内	1/750	1/450	1/350	—
$\leqslant 0.6f$	平面外	1/150	$\leqslant 1/200$	—	—
	平面内	1/400	1/350	—	—

14.3.4 按不适于承载的锈蚀评定钢结构构件的安全性

随着我国冶金工业的发展应用于建筑工程中的钢材品种、规格和数量迅速增加，质量和性能稳步提高，钢结构技术的应用亦日益广泛。由于钢结构容易锈蚀，所以，钢结构防锈成为钢结构工程中不可缺少的重要一环。随着技术进步和科技的发展，结构防锈措施越来越多，施工工艺也不尽相同，基于钢结构的形式及所处的外围环境的不同，对钢结构的防锈应相应地采取不同的措施。在采取这些措施之前，就需要针对检测和调查结果，按照构件锈蚀情况评定其安全性。进行钢结构构件的安全性按不适于承载的锈蚀评定，除了按剩余的完好截面验算其承载能力外，还要按表 14-9 的规定评级。

钢结构构件不适于承载的锈蚀的评定   表 14-9

等级	评定标准
c_u	在结构的主要受力部位，构件截面平均锈蚀深度 Δt 大于 $0.1t$，但不大于 $0.15t$
d_u	在结构的主要受力部位，构件截面平均锈蚀深度 Δt 大于 $0.15t$

注：表中 t 为锈蚀部位构件原截面的壁厚，或钢板的板厚。按剩余完好截面验算构件承载能力时，应考虑锈蚀产生的受力偏心效应。

14.3.5 钢索和节点的安全性评价

钢索是钢结构中常用的受拉构件。与普通钢拉杆不同，钢索构件通常由一组钢丝与锚具组合而成，因而，影响钢索安全性的因素也不同，甚至更多。因此对钢索构件的安全性进行评定时，除按以上有关钢结构规定的项目评级外，还要考虑到一些补充项目，例如：

（1）索中有断丝，若断丝数不超过索中钢丝总数的 5%，可定为 c_u 级；若断丝数超过 5%，应定为 d_u 级。

（2）索构件发生松弛，应根据其实际严重程度定为 c_u 级或 d_u 级。

（3）当索节点锚具出现裂纹，或索节点出现滑移，抑或索节点锚塞出现渗水裂缝时，应直接将构件的安全性等级定为 d_u 级：

常用的钢网架结构节点有两类：焊接空心球节点和螺栓球节点。由于节点本身的构造及施工都比较复杂，导致节点处的受力很难准确分析，因此，对钢网架结构的焊接空心球节点和螺栓球节点进行安全性鉴定时，首先按承载能力及构造项目评级外，其次要综合考虑下列项目进行评级：

（1）空心球壳出现可见的变形时，应定为 c_u 级；

（2）空心球壳出现裂纹时，应定为 d_u 级；

（3）螺栓球节点的筒松动时，应定为 c_u 级；

（4）螺栓未能按设计要求的长度拧入螺栓球时，应定为 d_u 级；

（5）螺栓球出现裂纹，应定为 d_u 级；

（6）螺栓球节点的螺栓出现脱丝，应定为 d_u 级。

大跨度钢结构的支座节点，通常需要满足一定的移动或变形功能，如果规定的移动或变形功能不能满足要求，结构的内力状态或结构受力性能将受到影响，以致影响结构的安全性。当摩擦型高强度螺栓连接的其摩擦面有翘曲而未能形成闭合面时，应直接定为 c_u 级；当大跨度钢结构铰支座不能实现设计所要求的转动或滑移时，定为 c_u 级；当支座的焊缝出现裂纹、锚栓出现变形或断裂时，定为 d_u 级；当橡胶支座的橡胶板与螺栓（或锚栓）发生挤压变形时，定为 c_u 级；当橡胶支座板相对支承柱（或梁）顶面发生滑移时，定为 c_u 级；当橡胶支座板严重老化时，应直接定为 d_u 级。

14.4　钢结构构件使用性检测鉴定

钢结构构件的使用性鉴定，应按位移或变形、缺陷（含偏差）和锈蚀（腐蚀）三个检查项目，分别评定每一受检构件等级，并以其中最低一级作为该构件的使用性等级。考虑到柔细的受拉构件，在自重作用下可能产生过大的变形和晃动，从而不仅影响外观，甚至还会妨碍相关部位的正常工作。因此对钢结构受拉构件，也要考虑以长细比作为检查项目参与上述评级。

14.4.1　按变形及位移进行钢结构使用性鉴定评级

当钢桁架和其他受弯构件的使用性按其挠度检测结果评定时，若检测值小于计算值及现行设计规范限值时，可评为 a_s 级；若检测值大于或等于计算值，但不大于现行设计规范限值时，可评为 b_s 级；若检测值大于现行设计规范限值时，可评为 c_s 级；在一般构件的鉴定中，对检测值小于现行设计规范限值的情况，可直接根据其完好程度定为 a_s 级或 b_s 级。

当钢柱的使用性按其柱顶水平位移（或倾斜）检测结果评定时，可按下列原则评级：

（1）若该位移的出现与整个结构有关，应根据相关规范对计算单元或代表层的评定等级，取与上部承重结构相同的级别作为该柱的水平位移等级；

（2）若该位移的出现只是孤立事件，可根据其检测结果直接评级，评级所需的位移限值，可按层间限值确定。

14.4.2　按构件缺陷损伤进行钢结构使用性鉴定评级

当钢结构构件的使用性按其缺陷（含偏差）和损伤的检测结果评定时，应按表 14-10 的规定评级。

钢结构构件缺陷（含偏差）和损伤等级的评定　　　　　　　　　　　表 14-10

检查项目	a_s 级	b_s 级	c_s 级
桁架（屋架）不垂直度	不大于桁架高度的 1/250，且不大于 15mm	略大于 a_s 级允许值，尚不影响使用	大于 a_s 级允许值，已影响使用
受压构件平面内的弯曲矢高	不大于构件自由长度的 1/1000，且不大于 10mm	不大于构件自由长度的 1/660	大于构件自由长度的 1/660
实腹梁侧向弯曲矢高	不大于构件计算跨度的 1/660	不大于构件跨度的 1/500	大于构件跨度的 1/500
其他缺陷或损伤	无明显缺陷或损伤	局部有表面缺陷或损伤，尚不影响正常使用	有较大范围缺陷或损伤，且已影响正常使用

对钢索构件，若钢索的外包裹防护层有损伤性缺陷，则应根据其影响正常使用的程度评为 b_s 级或 c_s 级。

当钢结构受拉构件的使用性按其长细比的检测结果评定时，应按表 14-11 的规定评级。

钢结构受拉构件长细比等级的评定 表 14-11

构件类别		a_s 级或 b_s 级	c_s 级
重要受拉构件	桁架拉杆	≤350	>350
	网架支座附近处拉杆	≤300	>300
一般受拉构件		≤400	>400

注：1. 评定结果取 a_s 级或 b_s 级，可根据其实际完好程度确定；

2. 当钢结构受拉构件的长细比虽略大于 b_s 级的限值，但若该构件的下垂矢高尚不影响其正常使用时，仍可定为 b_s 级；

3. 张紧的圆钢拉杆的长细比不受本表限制。

涂层厚度是钢结构检测鉴定的重要项目，直接反映钢结构构件的现状，对其耐久性和使用功能也有重要影响。根据检测结果评定钢结构构件防火涂层的使用性时，应按表 14-12 的规定评级。

钢结构构件防火涂层等级的评定 表 14-12

基本项目	a_s	b_s	c_s
外观质量（包括涂膜裂纹）	涂膜无空鼓、开裂、脱落、霉变、粉化等现象	涂膜局部开裂，薄型涂料涂层裂纹宽度不大于 0.5mm；厚型涂料涂层裂纹宽度不大于 1.0mm；边缘局部脱落；对防火性能无明显影响	防水涂膜开裂，薄型涂料层裂纹宽度大于 0.5mm；厚型涂料涂层裂纹宽度大于 1.0mm；重点防火区域涂层局部脱落；对结构防火性能产生明显影响
涂层附着力	涂层完整	涂层完整程度达到 70%	涂层完整程度低于 70%
涂膜厚度	厚度符合设计或国家现行规范要求	厚度小于设计要求，但小于设计厚度的测点数不大于 10%，且测点处实测厚度不小于设计厚度的 90%；厚涂型防火涂料涂膜，厚度小于设计厚度的面积不大于 20%，且最薄处厚度不小于设计厚度的 85%，厚度不足部位的连续长度不大于 1m，并在 5m 范围内无类似情况	达不到 b_s 级的要求

14.5 钢结构子单元安全性检测鉴定

民用钢结构安全性的第二层次鉴定评级，可按地基基础（含桩基和桩，以下同）、上部承重结构和围护系统的承重部分划分为三个子单元，并分别按其相关规定的鉴定方法和评级标准进行评定。

注：若不要求评定围护系统可靠性，也可不将围护系统承重部分列为子单元，而将其安全性鉴定并入上部承重结构中。

14.5.1 地基基础安全性鉴定评级

当鉴定地基、桩基的安全性时，应遵循下列规定：

（1）一般情况下，宜根据地基、桩基沉降观测资料，以及其不均匀沉降在上部结构中反应的检查结果进行鉴定评级；

（2）当需对地基、桩基的承载力进行鉴定评级时，应以岩土工程勘察档案和有关检测资料为依据进行评定。若档案、资料不签，还应补充近位勘探点，进一步查明土层分部情况，并结合当地工程经验进行核算和评价；

（3）对建造在斜坡场地上的建筑物，应根据历史资料和实地勘探结果，对边坡场地的稳定性进行评级。

当地基发生较大的沉降和差异沉降时，其上部结构必然会有明显的反应，如建筑物下陷、开裂和侧倾等。通过对这些宏观现象的检查、实测和分析，可以判断地基的承载状态，并据以作出安全性评估。

因此，当地基基础的安全性按地基变形（建筑物沉降）观测资料或其上部结构反应的检查结果评定时，应按下列规定评级：

A_u 级　不均匀沉降小于现行国家标准《建筑地基基础设计规范》GB 50007 规定的允许沉降差；建筑物无沉降裂缝、变形或位移。

B_u 级　不均匀沉降不大于现行国家标准《建筑地基基础设计规范》GB 50007 规定的允许沉降差；且连续两个月地基沉降量小于每月 2mm；建筑物的上部结构虽有轻微裂缝，但无发展迹象。

C_u 级　不均匀沉降大于现行国家标准《建筑地基基础设计规范》GB 50007 规定的允许沉降差；或连续两个月地基沉降量大于每月 2mm；或建筑物上部结构砌体部分出现宽度大于 5mm 的沉降裂缝，预制构件连接部位可能出现宽度大于 1mm 的沉降裂缝，且沉降裂缝短期内无终止趋势。

D_u 级　不均匀沉降远大于现行国家标准《建筑地基基础设计规范》GB 50007 规定的允许沉降差；或连续两个月地基沉降量大于每月 2mm，且尚有变快趋势；或建筑物上部结构的沉降裂缝发展显著；砌体的裂缝宽度大于 10mm；预制构件连接部位的裂缝宽度大于 3mm；现浇结构个别部分也已开始出现沉降裂缝。

注：本书规定的沉降标准，仅适用于已建成 2 年以上且建于一般地基土上的建筑物；对建在高压缩性黏性土或其他特殊性土地基上的建筑物，此年限宜根据当地经验适当加长。

当地基基础的安全性按其承载力评定时，可根据按鉴定地基、桩基安全性的基本规定所检测和计算分析的结果，采用下列规定评级：

（1）当地基基础承载力符合现行国家标准《建筑地基基础设计规范》GB 50007 的要求时，可根据建筑物的完好程度评为 A_u 级或 B_u 级。

（2）当地基基础承载力不符合现行国家标准《建筑地基基础设计规范》GB 50007 的要求时，可根据建筑物开裂损伤的严重程度评为 C_u 级或 D_u 级。

地基基础子单元的安全性等级，可按地基变形观测资料或其上部结构反应进行评级、按其承载力进行评级、按边坡场地稳定性进行评级和考虑地下水位变化进行评级这四种方法确定，由于评定地基基础安全性等级所依据的各检查项目之间，并无主次之分，故应按其中最低一个等级确定其级别。

14.5.2　上部结构安全性鉴定评级

上部承重结构子单元的安全性鉴定评级，应根据其结构承载功能等级、结构整体性等级以及结构侧向位移等级的评定结果进行确定。

在代表层（或区）中，评定一种主要构件集的安全性等级时，可根据该种构件集内每一受检构件的评定结果，按表 14-13 的分级标准评级。

主要构件集安全性等级的评定 表 14-13

等级	多层及高层房屋	单层房屋
A_u	该构件集内，不含 c_u 级和 d_u 级，可含 b_u 级，但含量不多于 25%	该构件集内，不含 c_u 级和 d_u 级，可含 b_u 级，但含量不多于 30%
B_u	该构件集内，不含 d_u 级；可含 c_u 级，但含量不应多于 15%	该构件集内，不含 d_u 级，可含 c_u 级，但含量不应多于 20%
C_u	该构件集内，可含 c_u 级和 d_u 级；若仅含 c_u 级，其含量不应多于 40%；若仅含 d_u 级，其含量不应多于 10%；若同时含有 c_u 级和 d_u 级，c_u 含量不应多于 25%，d_u 级含量不应多于 3%	该构件集内，可含 c_u 级和 d_u 级；若仅含 c_u 级，其含量不应多于 50%；若仅含 d_u 级，其含量不应多于 15%；若同时含有 c_u 级和 d_u 级，c_u 级含量不应多于 30%，d_u 级含量不应多于 5%
D_u	该构件集内，c_u 级或 d_u 级含量多于 C_u 级的规定数	该构件集内，c_u 级和 d_u 级含量多于 C_u 级的规定数

注：当计算的构件数为非整数时，应多取一根。

在代表层（或区）中，评定一种一般构件集的安全性等级时，可根据该种构件集内每一受检构件的评定结果，按表 14-14 的分级标准评级。

一般构件集安全性等级的评定 表 14-14

等级	多层及高层房屋	单层房屋
A_u	该构件集内，不含 c_u 级和 d_u 级，可含 b_u 级，但含量不应多于 30%	该构件集内，不含 c_u 级和 d_u 级，可含 b_u 级，但含量不应多于 35%
B_u	该构件集内，不含 d_u 级；可含 c_u 级，但含量不应多于 20%	该构件集内，不含 d_u 级；可含 c_u 级，但含量不应多于 25%
C_u	该构件集内，可含 c_u 级和 d_u 级，但 c_u 级含量不应多于 40%；d_u 级含量不应多于 10%	该构件集内，可含 c_u 级和 d_u 级，但 c_u 级含量不应多于 50%；d_u 级含量不应多于 15%
D_u	该构件集内，c_u 级或 d_u 级含量多于 C_u 级的规定数	该构件集内，c_u 级和 d_u 级含量多于 C_u 级的规定数

对上部承重结构不适于承载的侧向位移，应根据其检测结果，按下列规定评级：

（1）当检测值已超出表 14-15 界限，且有部分构件（含连接、节点域，地下同）出现裂缝、变形或其他局部损坏迹象时，应根据实际严重程度定为 C_u 级或 D_u 级。

（2）当检测值虽已超出表 14-15 界限，但尚未发现上款所述情况时，应进一步进行计入该位移影响的结构内力计算分析，并验算各构件的承载能力，若验算结果均不低于 b_u 级，仍可将该结构定为 B_u 级，但宜附加观察使用一段时间的限制。若构件承载能力的验算结果有低于 b_u 级时，应定为 C_u 级。

钢结构不适于继续承载的侧向位移的评定 表 14-15

检查项目	结构类别			顶点位移 C_u 级或 D_u 级	层间位移 C_u 级或 D_u 级
结构平面内的侧向位移	钢结构	单层建筑		$>H/150$	—
		多层建筑		$>H/200$	$>H_i/150$
		高层建筑	框架	$>H/250$ 或 $>300mm$	$>H_i/150$
			框架剪力墙框架筒体	$>H/300$ 或 $>400mm$	$>H_i/250$
单层排架平面外侧倾				$>H/350$	—

注：表中 H 为结构顶点高度；H_i 为第 i 层层间高度。

14.5.3　围护系统安全性鉴定评级

围护结构的构件集安全性等级、计算单元或代表层安全性等级、结构承载功能安全性等级和结构整体性安全性等级参照上部承重结构的相关规定进行评级。

围护系统承重部分的安全性等级，可根据上述围护结构各部分的评定结果，按下列原则确定：

（1）当仅有 A_u 级和 B_u 级时，按占多数级别确定。

（2）当含有 C_u 级或 D_u 级时，可按下列规定评级：

1）若 C_u 级或 D_u 级属于结构承载功能问题时，按最低等级确定；

2）若 C_u 级或 D_u 级属于结构整体性问题时，宜定为 C_u 级。

（3）围护系统承重部分评定的安全性等级，不得高于上部承重结构的等级。

14.6　钢结构子单元正常使用性鉴定评级

14.6.1　地基基础使用性鉴定评级

当评定地基基础的使用等级时，应按下列规定评级：

（1）当上部承重结构和维护系统的使用性检查未发现问题，或所发现问题与地基基础无关时，可根据实际情况定位 A_s 级或 B_s 级。

（2）当上部承重结构和围护系统所发现的问题与地基基础有关时，可根据上部承重结构和围护系统所评的等级，取其中较低一级作为地基基础使用性等级。

14.6.2　上部结构使用性鉴定评级

当评定一种构件集的使用性等级时，应按下列规定评级：

（1）对单层房屋，以计算单元中每种构件集为评定对象；

（2）对多层和高层房屋，允许随机抽取若干层为代表层进行评定；代表层的选择应符合下列规定：

1）代表层的层数，应按 $\sqrt{m}$ 确定；m 为该鉴定单元的层数，若 $\sqrt{m}$ 为非整数时，应多取一层；

2）随机抽取的 $\sqrt{m}$ 层中，若未包括底层、顶层和转换层，应另增这些层为代表层。

在计算单元或代表层中，评定一种构件集的使用性等级时，应根据该层该种构件中每一受检构件的评定结果，按下列规定评级：

A_s 级：该构件集内，不含 c_s 级构件，可含 b_s 级构件，但含量不多于 $25\% \sim 35\%$；

B_s 级：该构件集内，可含 c_s 级构件，但含量不多于 $20\% \sim 25\%$；

C_s 级：该构件集内，c_s 级含量多于 B_s 级的规定数。

注：每种构件集的评级，在确定各级百分比含量的限值时，对主要构件集取下限；对一般构件集取偏上限或上限，但应在检测前确定所采用的限值。

上部结构使用功能的等级，应根据计算单元或代表层所评的等级，按下列规定进行确定：

A_s 级：不含 C_s 级的计算单元或代表层；可含 B_s 级，但含量不宜多于 30%；

B_s 级：可含 C_s 级的计算单元或代表层，但含量不多于 20%；

C_s 级：在该计算单元或代表层中，C_s 级含量多于 B_s 级的规定值。

当上部承重结构的使用性需考虑侧向（水平）位移的影响时，可采用检测或计算分析的方法进行鉴定，但应按下列规定进行评级：

（1）对检测取得的主要是由综合因素（可含风和其他作用，以及施工偏差和地基不均匀沉降等，但不含地震作用）引起的侧向位移值，应按表 14-16 的规定评定每一测点的等级，并按下列原则分别确定结构顶点和层间的位移等级；

1）对结构顶点，按各测点中占多数的等级确定；

2）对层间，按各测点最低的等级确定。

根据以上两项评定结果，取其中较低等级作为上部承重结构侧向位移使用性等级。

（2）当检测有困难时，允许在现场取得与结构有关参数的基础上，采用计算分析方法进行鉴定。若计算的侧向位移不超过表 14-16 中 B_s 级界限，可根据该上部承重结构的完好程度评为 A_s 级或 B_s 级。若计算的侧向位移值已超出表 14-16 中 B_s 级的界限，应定为 C_s 级。

结构侧向（水平）位移等级的评定　　　　　　　　　表 14-16

检查项目	结构类别		位移限值		
			A_s 级	B_s 级	C_s 级
钢结构的侧向位移	多层框架	层间	$\leqslant H_i/500$	$\leqslant H_i/400$	$>H_i/400$
	高层框架	结构顶点	$\leqslant H/600$	$\leqslant H/500$	$>H/500$
		层间	$\leqslant H_i/600$	$\leqslant H_i/500$	$>H_i/500$
		结构顶点	$\leqslant H/700$	$\leqslant H/600$	$>H/600$

注：1. 表中限值系对一般装修标准而言，若为高级装修应事先协商确定；
　　2. 表中 H 为结构顶点高度；H_i 为第 i 层的层间高度。

14.6.3 围护系统使用性鉴定评级

当评定围护系统使用功能时，应按表 14-17 规定的检查项目及其评定标准逐项评级，并按下列原则确定围护系统的使用功能等级：

（1）一般情况下，可取其中最低等级作为围护系统的使用功能等级。

（2）当鉴定的房屋对表中各检查项目的要求有主次之分时，也可取主要项目中的最低等级作为围护系统使用功能等级。

（3）当按上款主要项目所评的等级为 A_s 级或 B_s 级，但有多于一个次要项目为 C_s 级时，应将所评等级降为 C_s 级。

维护系统使用功能等级的评定　　　　　　　　　表 14-17

检查项目	A_s 级	B_s 级	C_s 级
屋面防水	防水构造及排水设施完好，无老化、渗漏及排水不畅的迹象	构造、设施基本完好，或略有老化迹象，但尚不渗漏及积水	构造、设施不当或已损坏，或有渗漏，或积水
吊顶（天棚）	构造合理，外观完好，建筑功能符合设计要求	构造稍有缺陷，或有轻微变形或裂纹，或建筑功能略低于设计要求	构造不当或已损坏，或建筑功能不符合设计要求，或出现有碍外观的下垂
其他防护设施	完好，且防护功能符合设计要求	有轻微缺陷，但尚不显著影响其防护功能	有损坏，或防护功能不符合设计要求

14.7　钢结构鉴定单元安全性及使用性鉴定评级

民用钢结构鉴定单元的安全性鉴定评级，应根据其地基基础、上部承重结构和围护系统承重部分等的安全性等级，以及与整幢建筑有关的其他安全问题进行评定。

鉴定单元的安全性等级，应根据本节的评定结果，按下列原则规定：

（1）一般情况下，应根据地基基础和上部承重结构的评定结果按其中较低等级确定。

（2）当鉴定单元的安全性等级按上款评为 A_u 级或 B_u 级，但围护系统承重部分的等级为 C_u 级或 D_u 级时，可根据实际情况将鉴定单元所评等级降低一级或二级，但最后所定的等级不得低于 C_{su} 级。

（3）对下列任一情况，可直接评为 D_{su} 级：

1）建筑物处于有危房的建筑群中，且直接受到其威胁。

2）建筑物朝一方向倾斜，且速度开始变快。

当新测定的建筑物动力特性，与原先记录或理论分析的计算值相比，有下列变化时，可判其承重结构可能有异常，但应经进一步检查、鉴定后再评定该建筑物的安全性等级。

（1）建筑物基本周期显著变长或基本频率显著下降。

（2）建筑物振型有明显改变或振幅分布无规律。

14.8　工业钢结构厂房可靠性鉴定

工业钢结构厂房可靠性鉴定的评定体系采用纵向分层、横向分级、逐步综合的鉴定评级模式。工业钢结构厂房可靠性鉴定评级划分为三个层次，最高层次为鉴定单元，中间层次为结构系统，最低层次（即基础层次）为构件。其中结构系统和构件两个层次的鉴定评级，应包括安全性等级和使用性等级评定，需要时可根据安全性和使用性评级综合评定其可靠性等级。安全性分四个等级，使用性分三个等级，各层次的可靠性分四个等级，并应按表14-18规定的评定项目分层次进行评定。当不要求评定可靠性等级时，可直接给出安全性和正常使用性评定结果。

工业建筑物可靠性鉴定评级的层次、等级划分及项目内容　　　　　　　　　　表 14-18

层次	I			II		III
层名	鉴定单元			结构系统		构件
可靠性鉴定	可靠性等级	一、二、三、四	安全性评定	等级	A、B、C、D	a、b、c、d
				地基基础	地基变形、斜坡稳定性	—
					承载力	—
	建筑物整体或某一区段			上部承重结构	整体性	—
					承载功能	承载力构造和连接
				维护结构		
			正常使用性评定	等级	A、B、C	a、b、c
				地基基础	影响上部结构正常使用的地基变形	—
				上部承重结构	使用状况	变形裂缝缺陷、损伤腐蚀
					水平位移	—
				围护系统	功能与状况	—

注：1. 单个构件可参考《工业建筑可靠性鉴定标准》GB 50144—2008；
　　2. 若上部承重结构整体或局部有明显振动时，尚应考虑振动对上部承重结构安全性、正常使用性的影响进行评定。

鉴定评级标准如下：

工业建筑可靠性鉴定的构件、结构系统、鉴定单元按下列规定评定等级：

1. 构件（包括构件本身及构件间的连接节点）评级标准

（1）构件的安全性评级标准

a 级：符合国家现行标准规范的安全性要求，安全，不必采取措施；

b 级：略低于国家现行标准规范的安全性要求，仍能满足结构安全性的下限水平要求，不影响安全，可不采取措施；

c 级：不符合国家现行标准规范的安全性要求，影响安全，应采取措施；

d 级：极不符合国家现行标准规范的安全性要求，已严重影响安全，必须及时或立即采取措施。

（2）构件的使用性评级标准

a 级：符合国家现行标准规范的正常使用要求，在目标使用年限内能正常使用，不必采取措施；

b 级：略低于国家现行标准规范的正常使用要求，在目标使用年限内尚不明显影响正常使用，可不采取措施；

c 级：不符合国家现行标准规范的正常使用要求，在目标使用年限内明显影响正常使用，应采取措施。

（3）构件的可靠性评级标准

a 级：符合国家现行标准规范的可靠性要求，安全，在目标使用年限内能正常使用或尚不明显影响正常使用，不必采取措施；

b 级：略低于国家现行标准规范的可靠性要求，仍能满足结构可靠性的下限水平要求，不影响安全，在目标使用年限内能正常使用或尚不明显影响正常使用，可不采取措施；

c 级：不符合国家现行标准规范的可靠性要求，或影响安全，或在目标使用年限内明显影响正常使用，应采取措施；

d 级：极不符合国家现行标准规范的可靠性要求，已严重影响安全，必须立即采取措施。

2. 结构系统评级标准

（1）结构系统的安全性评级标准

A 级：符合国家现行标准规范的安全性要求，不影响整体安全，可能有个别次要构件宜采取适当措施；

B 级：略低于国家现行标准规范的安全性要求，仍能满足结构安全性的下限水平要求，尚不明显影响整体安全，可能有极少数构件应采取措施；

C 级：不符合国家现行标准规范的安全性要求，影响整体安全，应采取措施，且可能有极少数构件必须立即采取措施；

D 级：极不符合国家现行标准规范的安全性要求，已严重影响整体安全，必须立即采取措施。

（2）结构系统的使用性评级标准

A 级：符合国家现行标准规范的正常使用要求，在目标使用年限内不影响整体正常使用，可能有个别次要构件宜采取适当措施；

B级：略低于国家现行标准规范的正常使用要求，在目标使用年限内尚不明显影响整体正常使用，可能有极少数构件应采取措施；

C级：不符合国家现行标准规范的正常使用要求，在目标使用年限内明显影响整体正常使用，应采取措施。

（3）结构系统的可靠性评级标准

A级：符合国家现行标准规范的可靠性要求，不影响整体安全，在目标使用年限内不影响或尚不明显影响整体正常使用，可能有个别次要构件宜采取适当措施；

B级：略低于国家现行标准规范的可靠性要求，仍能满足结构可靠性的下限水平要求，尚不明显影响整体安全，在目标使用年限内不影响或尚不明显影响整体正常使用，可能有极少数构件应采取措施；

C级：不符合国家现行标准规范的可靠性要求，或影响整体安全，或在目标使用年限内明显影响整体正常使用，应采取措施，且可能有极少数构件必须立即采取措施；

D级：极不符合国家现行标准规范的可靠性要求，已严重影响整体安全，必须立即采取措施。

3. 鉴定单元评级标准

一级：符合国家现行标准规范的可靠性要求，不影响整体安全，在目标使用年限内不影响整体正常使用，可能有极少数次要构件宜采取适当措施；

二级：略低于国家现行标准规范的可靠性要求，仍能满足结构可靠性的下限水平要求，尚不明显影响整体安全，在目标使用年限内不影响或尚不明显影响整体正常使用，可能有极少数构件应采取措施、极个别次要构件必须立即采取措施；

三级：不符合国家现行标准规范的可靠性要求，影响整体安全，在目标使用年限内明显影响整体正常使用，应采取措施，且可能有极少数构件必须立即采取措施；

四级：极不符合国家现行标准规范的可靠性要求，已严重影响整体安全，必须立即采取措施。

14.9　工业钢结构可靠性鉴定检测与分析

14.9.1　工业建筑钢结构环境类别和作用等级调查

在工业建筑检测鉴定中，人们最关心的是建筑结构是否安全、适用，结构的寿命是否满足下一目标使用年限的要求。如果建筑结构出现病态（老化、局部破坏、严重变形、裂缝、疲劳裂纹等）要求查找原因、分析危害程度并提出处理方法，就需要掌握结构使用环境、结构所处环境类别和作用等级。为此，规定建、构筑物的使用环境应包括气象条件、地理环境和结构工作环境三项内容，建、构筑物结构和结构构件所处的环境类别和环境作用等级，可按表14-19的规定进行调查。

结构所处环境类别和作用等级 表 14-19

环境类别		作用等级	环境条件	说明和结构构件示例
Ⅰ	一般环境	A	室内干燥环境	室内正常环境
		B	露天环境、室内潮湿环境	一般露天环境、室内潮湿环境
		C	干湿交替环境	频繁与水或冷凝水接触的室内、外构件
Ⅱ	冻融环境	C	轻度	微冻地区混凝土高度饱水；严寒和寒冷地区混凝土中度饱水、无盐环境
		D	中度	微冻地区盐冻；严寒和寒冷地区混凝土高度饱水、无盐环境；混凝土中度饱水、有盐环境
		E	重度	严寒和寒冷地区的盐冻环境；混凝土高度饱水、有盐环境
Ⅲ	海洋氯化环境	C	水下区和土中区	桥墩、基础
		D	大气区（轻度盐雾）	涨潮岸线 100～300m 陆上室外靠海陆上室外构件、桥梁上部构件
		E	大气区（重度盐雾）；非热带潮汐区、浪溅区	涨潮岸线 100m 以内陆上室外靠海陆上室外构件、桥梁上部构件、桥墩、码头
		F	炎热地区潮汐区、浪溅区	桥墩、码头
Ⅳ	除冰盐等其他氯化物环境	C	轻度	受除冰盐雾轻度作用混凝土构件
		D	中度	受除冰盐水溶液轻度溅射作用混凝土构件
		E	重度	直接接触除冰盐溶液混凝土构件
Ⅴ	化学腐蚀环境	C	轻度（气体、液体、固体）	一般大气污染环境；汽车或机车废气；弱腐蚀液体、固体
		D	中度（气体、液体、固体）	酸雨 pH>4.5；中等腐蚀气体、液体、固体
		E	重度（气体、液体、固体）	酸雨 pH<4.5；强腐蚀气体、液体、固体

14.9.2 工业建筑结构地基基础调查

对地基基础的调查，应查阅岩土工程勘察报告及有关图纸资料，还应调查工业建筑现状、实际使用荷载、沉降量和沉降稳定情况、沉降差、上部结构倾斜、扭曲和裂损情况，以及临近建筑、地下工程和管线等情况。当地基基础资料不足时，根据国家现行有关标准的规定，对场地地基进行补充勘察或进行沉降观测。

地基的岩土性能标准值和地基承载力特征值，根据调查和补充勘察结果按国家现行有关标准的规定取值。地基承载力的大小按现行国家标准《建筑地基基础设计规范》GB 50007 中规定的方法进行确定。当评定的建、构筑物使用年限超过 10 年时，可适当考虑地基承载力在长期荷载作用下的提高效应。关于基础的种类和材料性能可通过查阅图纸资料确定；当资料不足时，可以开挖基础检查，但这种破坏性的检测方法在检测鉴定工作中应该慎用。

工业建筑结构上部结构和围护结构调查：

上部结构是建筑结构调查检测中的主要内容，对上部承重结构的调查，可根据建筑物的具体情况以及鉴定的内容和要求，选择表 14-20 中的调查项目。

上部承重结构的调查　　　　　　　　　　　　　　　　　表 14-20

调查项目	调查细目
结构整体性	结构布置，支撑系统，圈梁和构造柱，结构单元的连接构造
结构和材料性能	材料强度，结构或构件几何尺寸，构件承载性能、抗裂性能和刚度，结构动力特性
结构缺陷、损伤和腐蚀	制作和安装偏差，材料和施工缺陷，构件及其节点的裂缝、损伤和腐蚀
结构变形和振动	结构顶点和层间位移，柱倾斜，受弯构件的挠度和侧弯，结构和结构构件的动力特性和动态反应
构件的构造	保证构件承载能力、稳定性、延性、抗裂性能、刚度等的有关构造措施

结构和材料性能、几何尺寸和变形、缺陷和损伤等检测，相关标准和规范中有详细规定：

1）结构材料性能的检验，当图纸资料有明确说明且无怀疑时，可进行现场抽检验证；当无图纸资料或存在问题有怀疑时，应按国家现行有关检测技术标准的规定，通过现场取样或现场测试进行检测。

2）结构或构件几何尺寸的检测，当图纸资料齐全完整时，可进行现场抽检复核；当图纸资料残缺不全或无图纸资料时，应通过对结构布置和结构体系的分析，对重要的有代表性的结构或构件进行现场详细测量。

3）结构顶点和层间位移、柱倾斜、受弯构件的挠度和侧弯的观测，应在结构或构件变形状况普遍观察的基础上，对其中有明显变形的结构或构件，可按照国家现行有关检测技术标准的规定进行检测。

4）制作和安装偏差，材料和施工缺陷，应依据国家现行有关建筑材料、施工质量验收标准有关规定进行检测。构件及其节点的损伤，应在其外观全数检查的基础上，对其中损伤相对严重的构件和节点进行详细检测。

5）当需要进行构件结构性能、结构动力特性和动力反应的测试时，可根据国家现行有关结构性能检验或检测技术标准，通过现场试验进行检测。构件的结构性能现场载荷试验，应根据同类构件的使用状况、荷载状况和检验目的选择有代表性的构件。

6）动力特性和动力反应测试，应根据结构的特点和检测的目的选择相应的测试方法，仪器宜布置于质量集中、刚度突变、损伤严重以及能够反映结构动力特征的部位。

围护结构的调查，除应查阅有关图纸资料外，尚应现场核实围护结构系统的布置，调查该系统中围护构件和非承重墙体及其构造连接的实际状况、对主体结构的不利影响，以及围护系统的使用功能、老化损伤、破坏失效等情况。

另外对工业构筑物的调查与检测，可根据构筑物的结构布置和组成参照建筑物的规定进行。

14.9.3　工业钢结构构件鉴定

钢结构构件的安全性等级按承载能力（包括构造和连接）项目评定。构件的承载能力可通过计算或试验确定，相对于荷载效应进行检验就是承载能力项目的评定。满足构造要求是保证构件预期承载能力的前提条件，当构造不满足要求时，就意味着承载能力的降低，可以直接评定安全等级。

构件的承载能力项目包括承载能力、连接和构造三个方面，取其中最低等级作为构件的安全性等级。钢构件的使用性等级应按变形、偏差、一般构造和腐蚀等项目进行评定，并取其中最低等级作为构件的使用性等级。承重构件的钢材应符合建造当时钢结构设计规范和相应产品标准的要求 。如果构件的使用条件发生根本的改变，还应符合国家现行标准规范的要求，否则，应在确定承载能力和评级时考虑其不利影响。

14.9.4　钢构件的承载能力评级

钢构件的承载能力项目，根据钢结构构件的抗力 R 和作用效应 S 及结构重要性系数 γ_0 按表 14-21 评定等级。在确定构件的抗力时，要考虑实际的材料性能和结构构造，以及缺陷损伤、腐蚀、过大变形和偏差的影响。

钢结构构件承载能力等级评定　　　　　　　　　　表 14-21

构件种类	$R/(\gamma_0 S)$			
	a	b	c	d
重要构件	≥1.00	<1.00, ≥0.90	<0.95, ≥0.90	<0.90
次要构件	≥1.00	<1.00, ≥0.92	<0.92, ≥0.87	<0.87

注：1. 当结构构造和施工质量满足国家现行规范要求。或虽不满足要求但在确定抗力和荷载作用效应已考虑了这种不利因素时，可按表中规定评级；否则不应按表中数值评级，可根据经验按照对承载能力的影响程度，评为 b 级、c 级或 d 级。
　　2. 构件有裂缝、断裂、存在不适于继续承载的变形时，应评为 c 级或 d 级。
　　3. 吊车梁受拉区或吊车桁架受拉杆及其节点板有裂缝时，应评为 d 级。
　　4. 构件存在严重、较大面积的均匀腐蚀并使截面有明显削弱或对材料力学性能有不利影响时，可按相关方法进行检测验算并按表中规定评定其承载能力项目的等级。
　　5. 吊车梁的疲劳性能应根据疲劳强度验算结果、已使用年限和吊车梁系统的损伤程度进行评级，不受表中数值的限制。

工业厂房钢屋架等桁架结构，经过长期使用后，会发生各类杆件弯曲现象，尤以其中腹杆是最为普遍的。对这种有双向弯曲缺陷的压杆，为确保结构的安全，经常需要确定其剩余承载力。在钢桁架中，对于那些有整体弯曲缺陷但无明显局部缺陷的双角钢受压腹杆，其整体弯曲不超过表 14-22 中的限值时，其承载能力可评为 a 级或 b 级；若整体弯曲严重已超过表中限值时，可根据实际情况和对其承载能力影响的严重程度，评为 c 级或 d 级。

双角钢受压腹杆的双向弯曲缺陷的容许限值　　　　　表 14-22

所受轴压力设计值与无缺陷时的抗压承载力之比	双向弯曲的限值							
	方向	弯曲矢高与杆件长度之比						
1.0	平面内	1/4000	1/500	1/700	1/800	—	—	—
	平面外	1/1000	1/900	1/800	—	—	—	
0.9	平面内	1/2500	1/300	1/400	1/500	1/600	1/700	1/800
	平面外	1/1000	1/750	1/650	1/600	1/550	1/500	
0.8	平面内	1/1500	1/200	1/250	1/300	1/400	1/500	1/800
	平面外	1/1000	1/600	1/550	1/450	1/400	1/350	
0.7	平面内	1/1000	1/150	1/200	1/250	1/300	1/400	1/800
	平面外	1/750	1/450	1/350	1/300	1/250	1/250	
0.6	平面内	1/1000	1/150	1/200	1/300	1/500	1/700	1/800
	平面外	1/300	1/250	1/200	1/180	1/170	1/170	

14.9.5　钢构件的变形评级

钢构件的变形是指荷载作用下梁、板等受弯构件的挠度。钢构件变形项目的等级可以分为三级，分别是：a级，满足国家现行相关设计规范和设计要求；b级，超过a级要求，尚不明显影响正常使用；c级，超过a级要求，对正常使用有明显影响。

14.9.6　钢构件的偏差评级

钢构件的偏差包括施工过程中存在的偏差和使用过程中出现的永久性变形，根据相应规范的要求，可以分为三个等级：a级，满足国家现行相关施工验收规范和产品标准的要求；b级，超过a级要求，尚不明显影响正常使用；c级，超过a级要求，对正常使用有明显影响。

14.9.7　钢构件的腐蚀和防腐评级

构件的腐蚀和防腐措施影响结构的耐久性，越是新构件越是应该注意耐久性问题，对已经出现严重腐蚀致使截面削弱材料性能降低的构件，应考虑其承载能力问题。按照相应的规范要求，钢构件的腐蚀和防腐项目评级可以分为三级：a级，没有腐蚀且防腐措施完备；b级，已出现腐蚀，但截面还没有明显削弱，或防腐措施不完备；c级，已出现较大面积腐蚀并使截面有明显削弱，或防腐措施已破坏失效。

14.9.8　对是否满足与钢构件正常使用性有关的一般构造要求评级

与构件正常使用性有关的一般构造要求，满足设计规范要求时应评为a级，否则应评为b或c级。与构件正常使用性有关的一般构造要求，具体是指拉杆长细比、螺栓最大间距、最小板厚、型钢最小截面等。

14.10　工业钢结构系统鉴定等级

14.10.1　地基基础安全性鉴定

地基基础的安全性等级评定需要遵循下列原则：

（1）根据地基变形观测资料和建、构筑物现状进行评定。必要时，可按地基基础的承载力进行评定；

（2）建在斜坡场地上的工业建筑，应对边坡场地的稳定性进行检测评定；

（3）对有大面积地面荷载或软弱地基上的工业建筑，应评价地面荷载、相邻建筑以及循环工作荷载引起的附加沉降或桩基侧移对工业建筑安全使用的影响。

14.10.2　地基基础使用性鉴定

地基基础的使用性等级根据上部承重结构和围护结构使用状况评定。上部承重结构和围护结构的使用状况良好，或所出现的问题与地基基础无关时评为A级，上部承重结构或围护结构的使用状况基本正常，结构或连接因地基基础变形有个别损伤时评为B级，上部承重结构和围护结构的使用状况不完全正常，结构或连接因地基变形有局部或大面积损伤评为C级。

14.10.3　上部承重结构安全性等级评定

对于上部承重结构的安全性等级，要按结构整体性和承载功能这两个项目评定，并且要取其中较低的评定等级作为上部承重结构的安全性等级，必要时还要考虑过大水平位移或明显振动对该结构系统或其中部分结构安全性的影响。

结构整体性的评定根据结构布置和构造、支撑系统两个项目，按表14-23的要求进行评定，并取结构布置和构造、支撑系统两个项目中的较低等级作为结构整体性的评定等级。

评定等级	A 或 B	C 或 D
结构布置和构造	结构布置合理，形成完整的体系；传力路径明确或基本明确；结构形式和构件选型、整体性构造和连接等符合或基本符合国家现行标准规范的规定，满足安全要求或不影响安全	结构布置不合理，基本上未形成或未形成完整的体系；传力路径不明确或不当；结构形式和构件选型、整体性构造和连接等不符合或严重不符合国家现行标准规范的规定，影响安全或严重影响安全
支撑系统	支撑系统布置合理，形成完整的支撑系统；支承杆件长细比及节点构造符合或基本符合现行国家标准规范的要求，无明显缺陷或损伤	支撑系统布置不合理，基本上未形成或未形成完整的支撑系统；支承杆件长细比及节点构造不符合或严重不符合现行国家标准规范的要求，有明显缺陷或损坏

注：表中结构布置和构造、支撑系统的 A 级或 B 级，可根据其实际完好程度确定；C 级或 D 级可根据其实际严重程度确定。

对单层工业厂房，平面计算单元中每种构件集的安全性等级，以该种构件集中所含构件的各个安全性等级所占的百分比按下列规定确定：

（1）重要构件集：构件集中不含 c 级、d 级构件，可含 b 级构件且含量不多于 30% 时评定为 A 级；构件集中不含 d 级构件，可含 c 级构件且含量不多于 20% 时评定为 B 级；构件集中含 c 级构件且含量不多于 50%，或含 d 级构件且含量少于 10%（竖向构件）或 15%（水平构件）时评定为 C 级；构件集中含 c 级构件且含量多于 50%，或含 d 级构件且含量不少于 10%（竖向构件）或 15%（水平构件）时评定为 D 级。

（2）次要构件集：构件集中不含 c 级、d 级构件，可含 b 级构件且含量不多于 35% 时评定为 A 级；构件集中不含 d 级构件，可含 c 级构件且含量不多于 25% 时评定为 B 级；构件集中含 c 级构件且含量不多于 50%，或含 d 级构件且含量少于 20% 时评定为 C 级；构件集中含 c 级构件且含量多于 50%，或含 d 级构件且含量不少于 20% 时评定为 D 级。

各平面计算单元的安全性等级，按该平面计算单元内各重要构件集中的最低等级确定。当平面计算单元中次要构件集的最低安全性等级比重要构件集的最低安全性等级低二级或三级时，其安全性等级可按重要构件集的最低安全性等级降一级或降二级确定。

对多层厂房，上部承重结构承载功能的评定等级规定有三个方面：①沿厂房的高度方向将厂房划分为若干单层子结构，宜以每层楼板及其下部相连的柱子、梁为一个子结构；子结构上的作用除本子结构直接承受的作用外还应考虑其上部各子结构传到本子结构上的荷载作用。②子结构承载功能的等级应按单层厂房上部承重结构是由平面排架或平面框架组成的结构体系时其承载功能的等级评定规定确定；③整个多层厂房的上部承重结构承载功能的评定等级可按子结构中的最低等级确定。

14.10.4 上部承重结构使用性等级评定

对于上部承重结构的使用性等级，由上部承重结构的使用状况和结构水平位移这两个项目来评定。并且取其中较低的评定等级作为上部承重结构的使用性等级，必要时还要考虑振动对该结构系统或其中部分结构正常使用性的影响。当评定上部承重结构承载功能时，当不含有 C 级和 D 级的平面计算单元，并且可以含有的 B 级平面计算单元且含量不多于 30％时，则可以评定为 A 级；当不含有 D 级平面计算单元，并且可以含有 C 级平面计算单元且含量不多于 10％则评定为 B 级；当可以含有的 D 级平面计算单元且含量少于 5％则评定为 C 级；当含有的 D 级平面计算单元且含量不少于 5％则评定为 D 级。

单层厂房上部承重结构使用状况的评定等级，按屋盖系统、厂房柱、吊车梁三个子系统中的最低使用性等级确定；当厂房中采用轻级工作制吊车时，按屋盖系统和厂房柱两个子系统的较低等级确定。子系统中不含 c 级构件，可含 b 级构件且含量不多于 35％时评定子系统的使用性等级为 A 级；子系统中可含 c 级构件且含量不多于 25％时评定子系统的使用性等级为 B 级；系统中含 c 级构件且含量多于 25％时评定子系统的使用性等级为 C 级。屋盖系统、吊车梁系统包含相关构件和附属设施。包括吊车检修平台、走道板、爬梯等。

多层厂房上部承重结构使用状况的评定等级，按多层厂房上部承重结构承载功能的评定等级的原则和方法划分若干单层子结构，单层子结构使用状况的等级按单层厂房上部承重结构使用状况的评定等级的规定评定，整个多层厂房上部承重结构使用状况的评定等级根据，当不含 C 级子结构，含 B 级子结构且含量多于 30％时定为 B 级，不多于 30％时可定为 A 级；若含 C 级子结构且含量多于 20％定为 C 级，不多于 20％可定为 B 级。

当上部承重结构的使用性等级评定需考虑结构水平位移影响时，采用检测或计算分析的方法，按表 14-24 的规定进行评定。

结构侧向（水平）位移等级评定　　　　　　　　　　　表 14-24

评定项目		位移或倾斜值（mm）		
		A 级	B 级	C 级
单层厂房	有吊车厂房柱位移	$\leqslant H_c/1250$	＞A 级限值，但不影响吊车运行	＞A 级限值，影响吊车运行
	钢柱	$\leqslant H/1000$，$H＞10$m 时$\leqslant 25$	＞$H/1000$m，$\leqslant H/700$；$H＞10$m 时＞25，$\leqslant 35$	＞$H/700$m 或 $H＞10$m 时＞35
多层厂房	层间位移	$\leqslant h/400$	＞$h/400\leqslant h/350$	＞$h/350$
	顶点位移	$\leqslant H/500$	＞$H/500\leqslant H/450$	＞$H/450$
	钢柱	$\leqslant H/1000$，$H＞10$m 时$\leqslant 35$	＞$H/1000$m，$\leqslant H/700$；$H＞10$m 时＞35，$\leqslant 45$	＞$H/700$m 或 $H＞10$m 时＞45

注：1. 表中 H 为自基础顶面至柱顶总高度；h 为层高；H_c 为基础顶面至吊车梁顶面的高度。

2. 表中有吊车厂房柱的水平位移 A 级限值，是在吊车水平荷载作用下按平面结构图形计算的厂房柱的横向位移。

3. 多层厂房中，可取层间位移和结构顶点总位移中的较低等级作为结构侧移项目的评定等级。

14.10.5　围护结构安全性等级评定

对于围护结构系统的安全性等级的评定，要按承重围护结构的承载功能和非承重围护结构的构造连接这两个项目进行，并取两个项目中较低的评定等级作为该围护结构系统的安全性等级。

承重围护结构承载功能的评定等级，根据其结构类别按构件鉴定原则和单层厂房上部承重结构相关构件集的评级规定评定。非承重围护结构构造连接项目的评定等级按表 14-25 评定，并取其中最低等级作为该项目的安全性等级。

非承重围护结构构造连接等级评定　　　　　　　　　　　　　　表 14-25

项目	A 级或 B 级	C 级或 D 级
构造	构造合理，符合或基本符合国家现行标准规范要求，无变形或无损坏	构造不合理，不符合或严重不符合国家现行标准规范要求，有明显变形或损坏
连接	连接方式正确，连接构造符合或基本符合国家现行标准规范要求，无缺陷或仅有局部的表面缺陷或损伤，工作无异常	连接方式不当，连接构造有缺陷或有严重缺陷，已有明显变形、松动、局部脱落、裂缝或损坏
对主体结构安全的影响	构件选型及布置合理，对主体结构的安全没有或有较轻的不利影响	构件选型及布置不合理，对主体结构的安全有较大或严重的不利影响

注：1. 表中的构造指围护系统自身的构造；连接指系统本身的连接及其与主体结构的连接；对主体结构安全的影响主要指围护结构是否对主体结构的安全造成不利影响或使其受力方式发生改变等。

　　2. 对表中的各项目评定时，可根据其实际完好程度评为 A 级或 B 级，根据其实际严重程度评为 C 级或 D 级。

14.10.6　围护结构使用性等级评定

在实际鉴定中，围护系统使用功能的评定等级要根据表 14-26 中各项目对建筑物使用寿命和生产的影响程度确定一个或两个为主要项目，其余为次要项目，然后逐项进行评定；一般情况将屋面系统确定为主要项目，墙体及门窗、地下防水和其他防护设施确定为次要项目。围护系统（包括非承重围护结构和建筑功能配件）使用功能的评定等级确定的原则有两个：系统的使用功能等级取主要项目的最低等级；若主要项目为 A 级或 B 级，次要项目一个以上为 C 级，根据需要的维修量大小将使用功能等级降为 B 级或 C 级。

围护系统使用功能等级评定　　　　　　　　　　　　　　表 14-26

项目	A 级	B 级	C 级
屋面系统	构造层、防水层完好，排水畅通	构造基本完好，防水层有个别老化、鼓泡、开裂或轻微损坏，排水有个别堵塞现象，但不漏水	构造层有损坏，防水层多处老化、鼓泡、开裂、腐蚀或局部损坏、穿孔，排水有局部严重堵塞或漏水现象
墙体及门窗	墙体完好，无开裂、变形或渗水现象；门窗完好	墙体有轻微开裂、变形，局部破损或轻微渗水，但不明显影响使用功能；门窗框、扇完好，连接或玻璃等轻微损坏	墙体已开裂、变形、渗水，明显影响使用功能；门窗或连接局部破坏，已影响使用功能
地下防水	完好	基本完好，虽有较大潮湿现象，但无明显渗漏	局部损坏或有渗漏现象
其他防护设施	完好	有轻微损坏，但不影响防护功能	局部损坏已影响防护功能

注：1. 表中的墙体指非承重墙体。

　　2. 其他防护设施系指为了隔热、隔冷、隔尘、防湿、防腐、防撞、防爆和安全而设置的各种设施及爬梯、天棚吊顶等。

14.11　民用钢结构建筑适修性评估

长期以来的可靠性鉴定经验表明，不论怎样严格地按调查结果评价残损结构（含承载能力不足的结构，以下同），鉴定人员的结论总是与如何治理相联系。特别是在对 C_u 级或接近 C_u 级边缘的结构评估时，如何对其进行更加合适的治理，在很大程度上左右着鉴定的最后结论。

一般说来，鉴定人员对易加固的结构，其结论往往是建议保留原件；对很难修复的结构或极易更换的构件，其结论往往倾向于重建或拆换。这说明了，鉴定人员在进行评估时，总要考虑残损结构的适修性问题。所谓的适修性，就是指一种能反映残损结构适修程度与修复价值的技术与经济综合特性。对于这一特性，委托方尤为关注。因为残损结构的鉴定评级固然重要，但他们更需知道的是该结构能否修复和是否值得修复的问题，因而往往要求在鉴定报告中有所交代。子单元或鉴定单元适修性评定的分级标准见表 14-27。

子单元或鉴定单元适修性评定的分级标准　　　　　　　表 14-27

等级	分级标准
Ar	易修，修后功能可达到现行设计标准的要求；所需总费用远低于新建的造价；适修性好，应予修复
Br	稍难修，但修后尚能恢复或接近恢复原功能；所需总费用不到新建造价的 70%；适修性尚好，宜予修复
Cr	难修，修后需降低使用功能，或限制使用条件，或所需总费用为新建造价 70% 以上；适修性差，是否有保留价值，取决于其重要性和使用要求
Dr	该鉴定对象已严重残损，或修后功能极差，已无利用价值，或所需总费用接近甚至超过新建造价，适修性很差；除文物、历史、艺术及纪念性建筑外，宜予拆除重建

对民用钢结构的适修性进行评估，要按每一子单元和鉴定单元分别进行，并且评估结果要以不同的适修性等级表示。

14.12　钢结构抗震鉴定

钢结构抗震鉴定应按初步调查、详细调查、抗震性能鉴定的工作程序进行。

抗震鉴定两级，第一级鉴定应以现场调查和构造鉴定为主，对结构抗震性能作出综合评价；第二级鉴定应通过抗震验算及抗震指标验算，对结构抗震性能作出综合评定。当第一级鉴定确认该建筑满足抗震规范，且施工符合设计要求，外观检查无异常现象的，可判定抗震合格，并评定为 A_u 级或 B_u 级，无需进行第二级鉴定。当第一级鉴定确认该建筑抗震能力严重不足时，亦无需进行第二级鉴定，可判定其抗震能力不合格，并评定 C_u 级。除上述两种情况外应进行第二级鉴定。

实测构件尺寸及施工状态与设计文件要求一致时，按设计图评价构件、节点连接的承载力及延性指标；当实测构件尺寸及施工状态与原设计图不一致时，应基于调查结果评价构件、节点的承载力及延性指标。

（1）在评价构件及节点承载力时，应按下式进行验算

$$S \leqslant R/\gamma_{ra}$$

式中：S——作用效应；

R——构件或节点抗力；

γ_{ra}——承载力调整系数，取抗震承载力调整系数 γ_{RE} 乘以 0.85（构件）或 1.0（节点）。

（2）多层钢结构第一级鉴定应按现行国家标准《建筑抗震设计规范》GB 50011 中多层钢结房屋对结构的一般规定及抗震构造措施进行。

多层钢结构第二级鉴定原则上应以实测构件尺寸及节点构造方式按现行国家标准《建筑抗震设计规范》GB 50011 的规定进行抗震计算复核，若满足规范要求，则认为

鉴定通过（评定为 A_u 级或 B_u 级）。若不满足，可分别按结构布置的两个主方向取有代表性的平面结构按楼层抗震性能指标进行进一步复核，楼层抗震性能指标应按下列公式计算：

$$\beta_{i1} \leqslant V_{ui}F_i/V_i$$
$$\beta_{i2} \leqslant V_{ui}/0.25V_i$$

式中：β_{i1}——结构第 i 楼层的抗震指标；

$\qquad \beta_{i2}$——第 i 楼层极限水平承载力指标；

$\qquad V_{ui}$——结构形成破坏机构时第 i 楼层柱、支撑等抗侧力构件所承担的水平力之和，可采用楼层塑性力矩分配法或其他塑性分析方法求解；

$\qquad V_i$——第 i 楼层在罕遇地震作用下按弹性计算的水平剪力；

$\qquad F_i$——第 i 楼层的延性指标，其数值大小取决于构件、节点及节点域板件的延性指标的最小值，其数值取用方法参见《钢结构检测与鉴定技术规程》DGTJ 08—2011—2007。

当 β_{i1}、β_{i2} 大于 1.0 时可判定其抗震性能合格，评定为通过（B_u 级）；否则评定为不通过（C_u 级）。

（3）高层钢结构第一级鉴定应按现行国家标准《建筑抗震设计规范》GB 50011 中高层钢结构房屋对结构的一般规定及抗震构造措施进行。

高层钢结构第二级鉴定应以实测构件尺寸及节点构造方式按现行国家标准《建筑抗震设计规范》GB 50011 的规定进行抗震计算复核，在罕遇地震作用下采用弹塑性时程分析或静力弹塑性抗推覆分析验算结构位移，若计算复核满足规范要求，则认为鉴定通过（评定为 A_u 级或 B_u 级）；否则认为不通过（评定为 C_u 级）。

（4）单层厂房钢结构第一级鉴定，应按现行国家标准《建筑抗震设计规范》GB 50011 中钢结构厂房对结构的一般规定及构造措施进行。

单层厂房钢结构第二级鉴定，应分别按两个主方向选取排架或刚架按 6.5.2 条进行。

（5）高耸钢结构第一级鉴定应按现行国家标准《高耸结构设计规范》GB 50135 中塔桅结构的一般规定及构造要求进行。第二级鉴定应按结构实际状态建立计算模型，按现行规范进行抗震验算，构件及节点承载力根据式（6.5.1）进行评价。

（6）空间钢结构第一级鉴定应按现行国家相应设计规范中关于结构的一般规定及构造要求进行。第二级鉴定应按结构实际状态建立计算模型，按现行规范进行结构抗震验算，必要时可考虑竖向地震影响，构件的承载力应根据式（6.5.1）进行评价。

14.13　检测实例

某高速收费站于 2003 年建成，现已投入使用近 9 年，结构形式为网架结构。该顶棚网架为正放四角锥螺栓球节点网架，轴线总长度为 25.2m，总宽度为 16.8m，网架高 1.2m。该网架上弦杆、下弦杆、腹杆均采用 Q235 级管材。节点为螺栓球连接，网架及节点图见图 14-1～图 14-4。

由于使用年限较长，网架部分构件已经锈蚀。为确保该收费站顶棚网架的安全及正常使用，需对顶棚网架结构的安全性进行检测。

图 14-1　网架纵向图

图 14-2　网架横向图

图 14-3　正放四角锥螺栓球节点网架

图 14-4　网架球节点连接

1. 主要检测依据

(1)《建筑结构检测技术标准》GB/T 50344—2004；

(2)《工业建筑可靠性鉴定标准》GB 50144—2008；

(3)《钢结构现场检测技术标准》GB/T 50621—2010；

(4)《空间格构结构工程质量检验及评定标准》DG/T J08—89—2016；

(5)《空间网格结构技术规程》JGJ 7—2010；

(6)《建筑工程施工质量验收统一标准》GB 50300—2013；

(7)《钢结构设计规范》GB 50017—2011；

(8)《回弹法检测混凝土抗压强度技术规程》JGJ/T 23—2011；

(9)《钢结构工程施工质量验收规范》GB 50205—2001；

(10)《建筑变形测量规范》JGJ 8—2016；

(11)《建筑结构荷载规范》GB 50009—2012；

(12)《建筑抗震设计规范》GB 50011—2010；

(13) 委托方提供的相关资料。

2. 检测仪器

(1) 精密水准仪和经纬仪；

(2) 游标卡尺、卷尺、皮尺及放大镜等。

3. 现场检测

（1）网架结构布置检测

经过现场检测，网架整体布置和立面见图14-5、图14-6。

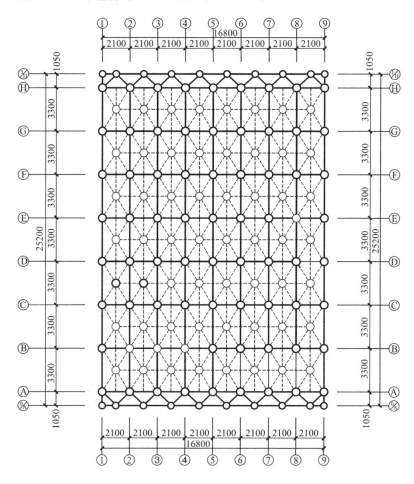

图 14-5　网架平面布置

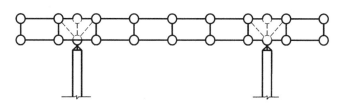

图 14-6　网架立面布置

（2）网架挠度检测

采用精密水准仪对网架挠度进行观测，挠度观测值见图14-7。

检测结果显示，网架最大挠度为21mm，挠度值在《空间网格结构技术规程》JGJ 7—2010 规定的 $L/250=19800/250=79.2$mm 范围之内。以上结果表明，该网架没有产生较大的挠曲变形，处在正常使用范围之内。

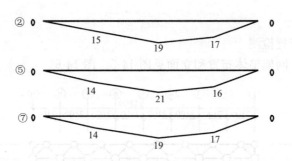

图 14-7 网架挠度观测结果

（3）螺栓球、封板、锥头、杆件、套筒检测

现场对该网架螺栓球、封板、锥头、杆件、套筒等进行了普查，均满足设计要求。现场未发现过烧、裂纹的螺栓球，封板、锥头、套筒未发现裂纹、过烧及氧化皮等隐患。允许偏差也在《空间格构结构工程质量检验及评定标准》DG/T J08—89—2016 所规定的范围之内。

（4）油漆、防腐、防火涂装检测

收费站顶棚网架经过一段时间的使用，通过现场检测发现网架各杆件油漆脱皮剥落，出现锈蚀现象，螺栓球节点多余螺孔未封口，网架屋面彩钢板出现破损。详见图 14-8～图 14-11。

图 14-8 螺栓球多余螺孔未封口

图 14-9 油漆脱皮破落

图 14-10 上弦杆锈蚀

图 14-11 杆件锈蚀、彩钢板破损

4. 检测鉴定结论

通过现场检测，该网架设计合理，传力路径明确。

各分项工程检测结果表明，所检测的各项指标均在相关规范、标准限定的范围之内。因此，该网架结构目前安全可靠。

但是，由于该网架投入已使用近 9 年，网架顶棚各杆件、螺栓球节点出现锈蚀现象，对该网架的耐久性有一定的影响。

14.14 习题

一、单项选择题

1. 为了能更好地取得民用钢结构的可靠性鉴定结论，其评定程序是以（　　）设计的？

　　A. 平均模式　　　　B. 分级模式　　　　　C. 分段模式　　　　　D. 循环模式

2. 民用钢结构可靠性鉴定评级的工作内容不包括：（　　）。

　　A. 地基基础　　　　　　　　　　　　B. 上部承重结构

　　C. 室内装饰　　　　　　　　　　　　D. 围护系统承重部分

3. 在民用钢结构安全性鉴定评级时，若单个构件或其检查项目被评为 b_u 等级，则相应的处理要求为（　　）。

　　A. 不必采取措施　　　　　　　　　　B. 可不采取措施

　　C. 应采取措施　　　　　　　　　　　D. 必须及时或立即采取措施

4. 在民用钢结构安全性鉴定评级时，若子单元或子单元中的某种构件集被评为 C_u 等级，则相应的处理要求为（　　）。

　　A. 可能有个别一般构件应采取措施

　　B. 可能有极少数构件应采取措施

　　C. 应采取措施，且可能有极少数构件必须立即采取措施

　　D. 必须立即采取措施

5. 在民用钢结构安全性鉴定评级时，若鉴定单元被评为 D_{su} 等级，则相应的处理要求为（　　）。

　　A. 可能有极少数一般构件应采取措施

　　B. 可能有极少数构件应采取措施

　　C. 应采取措施，且可能有极少数构件必须及时采取措施

　　D. 必须立即采取措施

6. 在民用钢结构使用性鉴定评级时，若单个构件或其检查项目的使用性略低于本标准对 a_s 级的要求，尚不显著影响使用功能，则应该评定的等级为（　　）。

　　A. a_s　　　　　　　B. b_s　　　　　　　C. c_s

7. 在民用钢结构使用性鉴定评级时，若子单元或其中某种构件集的使用性不符合本标准对 A_s 级的要求，显著影响整体使用功能，则应该评定的等级为（　　）。

　　A. A_s　　　　　　　B. B_s　　　　　　　C. C_s

8. 在民用钢结构使用性鉴定评级时，若鉴定单元的使用性符合本标准对 A_{ss} 级的要求，不影响整体使用功能，则应该评定的等级为（　　）。

　　A. A_{ss}　　　　　　B. B_{ss}　　　　　　C. C_{ss}

9. 在民用钢结构可靠性鉴定评级时，若单个构件被评为 c 等级，则相应的处理要求为（　　）。

　　A. 不必采取措施　　　　　　　　　　B. 可不采取措施

　　C. 应采取措施　　　　　　　　　　　D. 必须及时或立即采取措施

10. 在民用钢结构使用性鉴定评级时，若子单元或其中的某种构件的可靠性符合本标

准对 A 级的要求，不影响整体承载功能和使用功能，则应该评定的等级为（　　）。

    A. A   B. B   C. C   D. D

11. 在民用钢结构使用性鉴定评级时，若某鉴定单元评定的处理要求为"应采取措施，且可能有极少数构件必须及时采取措施"，则该鉴定单元被评定的等级为（　　）。

    A. Ⅰ   B. Ⅱ   C. Ⅲ   D. Ⅳ

12. 对冷弯薄壁型钢结构、轻钢结构、钢桩以及地处有腐蚀性介质的工业区，或高湿、临海地区的钢结构，是根据（　　）作为检查项目并且评定其等级，然后取其中最低一级作为该构件的安全性等级的。

    A. 承载能力   B. 构造

    C. 不适于承载的位移（或变形）   D. 不适于承载的锈蚀

13. 对钢桁架（屋架、托架）的挠度，当其实测值大于桁架计算跨度的（　　）时，就要按承载能力评定其安全性等级。

    A. 1/200   B. 1/300   C. 1/400   D. 1/500

14. 当弯曲矢高实测值大于柱的自由长度的（　　）时，就要在承载能力的验算中考虑其所引起的附加弯矩的影响。

    A. 1/550   B. 1/600   C. 1/630   D. 1/660

15. 按不适于承载的锈蚀评定钢结构构件的安全性时，若在结构的主要受力部位，构件截面平均锈蚀深度 Δt 大于 $0.1t$，但不大于 $0.15t$，应被评定为（　　）。

    A. a_u B. b_u C. c_u D. d_u

16. 钢索是钢结构中常用的受拉构件。与普通钢拉杆不同，钢索构件通常由一组钢丝与锚具组合而成，因而，影响钢索安全性的因素也不同。若钢索中有断丝，且断丝数超过 5% 时，应定为（　　）级。

    A. a_u B. b_u C. c_u D. d_u

17. 常用的钢网架结构节点有两类：焊接空心球节点和螺栓球节点。空心球壳出现裂纹时，应定为（　　）级。

    A. a_u B. b_u C. c_u D. d_u

18. 大跨度钢结构的支座节点，通常需要满足一定的移动或变形功能，如果规定的移动或变形功能不能满足要求，结构的内力状态或结构受力性能将受到影响，以致影响结构的安全性。当摩擦型高强度螺栓连接的其摩擦面有翘曲而未能形成闭合面时，应直接定为（　　）级。

    A. a_u B. b_u C. c_u D. d_u

19. 在按变形及位移进行钢结构使用性鉴定评级时，当钢桁架和其他受弯构件的使用性按其挠度检测结果评定，若检测值小于计算值及现行设计规范限值时，可评为（　　）级。

    A. a_s B. b_s C. c_s

20. 当钢结构构件的使用性按其缺陷（含偏差）和损伤的检测结果评定时，若桁架（屋架）不垂直度不大于桁架高度的 1/250，且不大于 15mm 时，可评为（　　）级。

    A. a_s B. b_s C. c_s

21. 当钢结构构件的使用性按其缺陷（含偏差）和损伤的检测结果评定时，若受压构件平面内的弯曲矢高大于构件自由长度的 1/660，可评为（　　）级。

A. a_s　　　　　B. b_s　　　　　C. c_s

22. 当钢结构构件的使用性按其缺陷（含偏差）和损伤的检测结果评定时，若实腹梁侧向弯曲矢高不大于构件跨度的 1/500，可评为（　　　）级。

A. a_s　　　　　B. b_s　　　　　C. c_s

23. 当根据检测结果评定钢结构构件防火涂层的使用性时，若涂膜局部开裂，薄型涂料涂层裂纹宽度不大于 0.5mm；厚型涂料涂层裂纹宽度不大于 1.0mm；边缘局部脱落；对防火性能无明显影响，可评为（　　　）级。

A. a_s　　　　　B. b_s　　　　　C. c_s

24. 当根据检测结果评定钢结构构件防火涂层的使用性时，若涂层完整程度低于70%，可评为（　　　）级。

A. a_s　　　　　B. b_s　　　　　C. c_s

25. 工业建筑可靠性鉴定的评定体系采用（　　　）的鉴定评级模式。

A. 纵向分层、横向分级、逐步综合　　　B. 横向分层、纵向分级、逐步综合

C. 全面分层　　　　　　　　　　　　　D. 全面综合

26. 以下哪部分不属于使用条件的调查和检测（　　　）。

A. 结构上的作用　B. 使用环境　　　C. 使用历史　　　　D. 使用年限

27. 以下哪部分不属于工业建筑物的调查和检测（　　　）。

A. 地基基础　　　B. 上部承重结构　C. 围护结构　　　D. 构筑物

28. 当（　　　）时，根据国家现行有关标准的规定，对场地地基进行补充勘察或进行沉降观测。

A. 实际使用荷载增加　　　　　　　　　B. 上部结构倾斜

C. 地基基础资料不足　　　　　　　　　D. 临近建筑进行地下工程施工

29. 当评定的建、构筑物使用年限超过（　　　）年时，可适当考虑地基承载力在长期荷载作用下的提高效应。

A. 10　　　　　　B. 8　　　　　　　C. 6　　　　　　　D. 4

30. 当钢结构表面温度长期高于（　　　）时，应按有关的现行国家标准规范计入由温度产生的附加内力。

A. 180℃　　　　　B. 150℃　　　　　C. 120℃　　　　　D. 100℃

31. 构件的承载能力项目包括承载能力、连接和构造三个方面，取其中（　　　）作为构件的安全性等级。

A. 承载能力等级　B. 连接等级　　　　C. 构造等级　　　　D. 最低等级

32. 钢构件的使用性等级应按变形、偏差、一般构造和腐蚀等项目进行评定，并取其中（　　　）作为构件的使用性等级。

A. 变形等级　　　B. 最低等级　　　　C. 偏差等级　　　　D. 一般构造等级

33. 构件有裂缝、断裂、存在不适于继续承载的变形时，应评为（　　　）。

A. a 级　　　　　B. b 级或 c 级　　　C. c 级　　　　　　D. c 级或 d 级

34. 吊车梁受拉区或吊车桁架受拉杆及其节点板有裂缝时，应评为（　　　）。

A. a 级　　　　　B. b 级　　　　　　C. c 级　　　　　　D. d 级

35. 吊车梁的疲劳性能应根据（　　　）、已使用年限和吊车梁系统的损伤程度进行

评级。

A. 吊车梁的变形程度　　　　　　　　B. 疲劳强度验算结果

C. 吊车梁的腐蚀程度　　　　　　　　D. 吊车梁的设计使用年限

36. 钢构件的变形是指荷载作用下梁、板等受弯构件的（　　　）。

A. 刚度　　　　　　B. 曲率　　　　　　C. 疲劳强度　　　　　　D. 挠度

37. 钢构件的偏差包括施工过程中存在的偏差和使用过程中出现的（　　　）。

A. 弹性变形　　　　B. 永久性变形　　　C. 偏差　　　　　　　D. 变形

38. 所谓的（　　　），就是指一种能反映残损结构适修程度与修复价值的技术与经济综合特性。

A. 适修性　　　　　B. 修复性　　　　　C. 经济性　　　　　　D. 残损性

39. 子单元或鉴定单元适修性评定的分级标准分为 Ar、Br、Cr、Dr 四个等级，其中 Cr 表示的是（　　　）。

A. 易修　　　　　　B. 稍难修　　　　　C. 难修　　　　　　　D. 已严重残损

40. 钢结构抗震鉴定应按初步调查、详细调查、（　　　）的工作程序进行。

A. 彻底调查　　　　B. 残损程度鉴定　　C. 适修性鉴定　　　　D. 抗震性能鉴定

41. 钢结构抗震鉴定中，当第一级鉴定确认该建筑满足抗震规范，且施工符合设计要求，外观检查无异常现象的，可判定抗震合格，并评定为（　　　），无需进行第二级鉴定。

A. A_u 级或 B_u 级　　　　　　　　　B. A_u 级

C. B_u 级　　　　　　　　　　　　　　D. C_u 级

42. 钢结构抗震鉴定中，当第一级鉴定确认该建筑抗震能力严重不足时，亦无需进行第二级鉴定，可判定其抗震能力不合格，并评定为（　　　）。

A. A_u 级　　　　　B. B_u 级　　　　　C. C_u 级　　　　　　D. D_u 级

43. 其中结构系统和构件两个层次的可靠性鉴定评级，应包括（　　　）评定，需要时可根据安全性和使用性评级综合评定其可靠性等级。

A. 安全性等级　　　　　　　　　　　　B. 使用性等级

C. 安全性等级和使用性等级　　　　　　D. 耐久性等级

44. 钢构件的偏差具体所指项目可以参考国家现行相关施工验收规范和产品标准并按这些规范标准确定是否满足要求，满足要求的使用等级评为（　　　）。

A. a 级　　　　　　B. b 级　　　　　　C. c 级　　　　　　　D. d 级

45. 钢结构的偏差较大有可能导致承载能力的降低，此时应按（　　　）评级。

A. 承载能力　　　　B. 偏差范围　　　　C. 连接方式　　　　　D. 构造方式

46. 构件的腐蚀和防腐措施影响结构的耐久性，越是新构件越是应该注意耐久性问题，对已经出现严重腐蚀致使截面削弱材料性能降低的构件，应考虑其（　　　）问题。

A. 耐久性　　　　　B. 使用性　　　　　C. 变形　　　　　　　D. 承载能力

47. 与构件正常使用性有关的一般构造要求，满足设计规范要求时应评为 a 级，否则应评为（　　　）。

A. b 级　　　　　　B. c 级　　　　　　C. b 或 c 级　　　　　D. d 级

48. 限制拉杆长细比是要防止（　　　）。

A. 出现过大的振动　　　　　　　　　　B. 板与板之间的锈蚀

C. 磨损   D. 过大弯曲变形

49. 一般说来，鉴定人员对易加固的结构，其结论往往是建议保留原件；对很难修复的结构或极易更换的构件，其结论往往倾向于（　　　）。

  A. 重建   B. 拆换   C. 重建或拆换   D. 在原件上加固

50. 高层钢结构第（　　　）级鉴定应按现行国家标准《建筑抗震设计规范》（GB 50011）中高层钢结构房屋对结构的一般规定及抗震构造措施进行。

  A. 一   B. 二   C. 三   D. 四

二、多项选择题

1. 钢结构建筑进行可靠性鉴定包括以下哪几种情况？（　　　）

  A. 达到设计使用年限拟继续使用时

  B. 用途或使用环境改变时

  C. 建筑物正在建造时

  D. 进行改造、改建或扩建时

  E. 遭受灾害或事故时

  F. 存在较严重的质量缺陷或者出现较严重的腐蚀、损伤、变形时

2. 钢结构的可靠性鉴定一般程序包括（　　　）。

  A. 明确鉴定的目标、范围、内容   B. 初步调查，制订鉴定方案

  C. 详细调查与检测   D. 可靠性分析与验算

  E. 可靠性评定   F. 鉴定报告

3. 根据民用钢结构的特点，在分析结构失效过程逻辑关系的基础上，可以将被鉴定的建筑物划分为下列哪三个层次？（　　　）

  A. 构件（含连接）   B. 结构系统

  C. 子单元   D. 鉴定单元

  E. 分项工程

4. 对于一般的钢结构构件的安全性鉴定，是按照哪三个检查项目来分别评定每一受检构件的安全性等级的？（　　　）

  A. 承载能力   B. 构造

  C. 结构布置   D. 不适于承载的位移（或变形）

5. 对于钢结构节点、连接域的安全性鉴定，是根据哪两个检测项目分别评定每一节点、连接域的等级？（　　　）

  A. 不适于承载的位移（或变形）   B. 承载能力

  C. 构造   D. 结构布置

6. 钢结构的结构构件的使用性鉴定，应按哪三个检查项目，分别评定每一受检构件等级，并以其中最低一级作为该构件的使用性等级？（　　　）

  A. 位移或变形   B. 承载能力   C. 缺陷（含偏差）   D. 锈蚀（腐蚀）

7. 工业建筑物可靠性鉴定评级可划分为以下几个层次（　　　）。

  A. 最高层次—鉴定单元   B. 中间层次—结构系统

  C. 最低层次—构件   D. 一般层次—基础

8. 以下关于鉴定单元评级标准，说法正确的是（　　　）。

A. 已严重影响整体安全，必须立即采取措施的是四级

B. 在目标使用年限内不影响整体正常使用的是三级

C. 符合国家现行标准规范的可靠性要求的是一级

D. 略低于国家现行标准规范的可靠性要求的是三级

9. 既有建筑结构鉴定，除应考虑下一目标使用期内可能受到的作用和使用环境条件外，还要哪些因素（   ）。

A. 结构已受到的各种作用和结构工作环境

B. 既有结构的设计年限与已使用年限

C. 使用历史上受到设计中未考虑的作用

D. 该地区突发性灾害天气的影响

10. 建筑结构出现哪些病态特征（   ）则需要查找原因、分析危害程度并提出处理方法。

A. 老化   B. 局部破坏   C. 严重变形   D. 裂缝

E. 疲劳裂纹

11. 上部承重结构调查需要调查的项目有（   ）。

A. 结构整体性   B. 结构和材料性能

C. 结构缺陷、损伤和腐蚀   D. 结构变形和振动

E. 构件的构造

12. 结构整体性的调查细目是（   ）。

A. 结构布置   B. 支撑系统

C. 圈梁和构造柱   D. 结构单元的连接构造

13. 结构缺陷、损伤和腐蚀的调查细目是（   ）。

A. 制作和安装偏差   B. 材料和施工缺陷

C. 构件及其节点的裂缝、损伤和腐蚀   D. 结构顶点和层间位移

14. 对于钢结构构件的变形可分为两类，分别是（   ）。

A. 荷载作用下的弹性变形   B. 荷载作用下的永久性变形

C. 使用过程中出现的弹性变形   D. 使用过程中出现的永久性变形

15. 与设计新构件不同，在计算已有构件抗力时，要考虑（   ）对钢构件承载力的影响。

A. 实际的材料性能和结构构造   B. 缺陷损伤、腐蚀、过大变形和偏差

C. 连接和构造   D. 已使用年限

16. 严重腐蚀对构件的直接影响有（   ）。

A. 降低结构的安全性   B. 使构件截面积减少

C. 降低材料的韧性   D. 降低构件的寿命

17. 钢构件变形项目的等级可以分为以下哪几级（   ）。

A. a 级，满足国家现行相关设计规范和设计要求

B. b 级，超过 a 级要求，尚不明显影响正常使用

C. c 级，超过 b 级要求，对正常使用有明显影响

D. c 级，超过 a 级要求，对正常使用有明显影响

18. 按照相应的规范要求，钢构件的腐蚀和防腐项目评级可以分为以下几个等级（　　）。

A. a 级，没有腐蚀且防腐措施完备

B. b 级，已出现腐蚀但截面还没有明显削弱，或防腐措施不完备

C. b 级，已出现腐蚀并使截面有明显削弱，或防腐措施不完备

D. c 级，已出现较大面积腐蚀并使截面有明显削弱，或防腐措施已破坏失效

19. 抗震鉴定两级，第一级鉴定应以（　　）为主，对结构抗震性能作出综合评价；第二级鉴定应（　　），对结构抗震性能作出综合评定。

A. 现场调查

B. 构造鉴定

C. 现场调查和构造鉴定

D. 通过抗震验算及抗震指标验算

20. 以下关于构件的安全性评级标准的说法，正确的是（　　）。

A. a 级：符合国家现行标准规范的安全性要求，安全，不必采取措施

B. b 级：略低于国家现行标准规范的安全性要求，影响安全，应采取措施

C. c 级：不符合国家现行标准规范的安全性要求，影响安全，应采取措施

D. d 级：极不符合国家现行标准规范的安全性要求，安全，不必采取措施

21. 以下关于构件的使用性评级标准的说法，正确的是（　　）。

A. a 级：符合国家现行标准规范的正常使用要求，不必采取措施

B. b 级：略低于国家现行标准规范的正常使用要求，可不采取措施

C. c 级：不符合国家现行标准规范的正常使用要求，应采取措施

D. c 级：符合国家现行标准规范的正常使用要求，可不采取措施

22. 建、构筑物的使用历史调查包括（　　）、用途和使用时间、用途变更与改扩建以及受灾害和事故等情况。

A. 建、构筑物的设计与施工

B. 维修与加固

C. 超载历史

D. 动荷载作用历史

23. 结构材料性能的检验，当图纸资料有明确说明且无怀疑时，可进行（　　）；当无图纸资料或存在问题有怀疑时，应按国家现行有关检测技术标准的规定，通过（　　）进行检测。

A. 现场抽检验证　　B. 现场取样　　　　C. 现场测试

24. 以下关于钢构件的偏差等级，说法正确的是（　　）。

A. 根据相应规范的要求，可以分为三个等级

B. a 级，满足国家现行相关施工验收规范和产品标准的要求

C. b 级，超过 a 级要求，尚不明显影响正常使用

D. c 级，超过 a 级要求，对正常使用有明显影响

参考答案

一、单项选择题

1. B　2. C　3. B　4. C　5. D　6. B　7. C　8. A　9. C　10. B　11. C　12. D
13. C　14. B　15. C　16. D　17. D　18. C　19. A　20. A　21. A　22. B　23. B
24. C　25. A　26. A　27. D　28. C　29. A　30. B　31. D　32. B　33. D　34. D
35. B　36. D　37. D　38. A　39. C　40. B　41. A　42. C　43. C　44. A　45. A

46. D 47. C 48. A 49. B 50. A

二、多项选择题

1. ABDEF 2. ABCDEF 3. ACD 4. ABD 5. BC 6. ACD 7. ABC 8. AC
9. ABCD 10. ABCDE 11. ABCDE 12. ABCD 13. ABC 14. AD 15. AB
16. BC 17. ABC 18. ABD 19. AD 20. ACD 21. ABC 22. ABCD 23. ABC
24. ABCD

附录 A 磁粉检测记录

<table>
<tr><td colspan="4" align="center">钢结构磁粉检测记录</td><td colspan="2" align="right">表 A</td></tr>
<tr><td>工程名称</td><td></td><td colspan="2">委托单位</td><td colspan="2"></td></tr>
<tr><td>检测设备</td><td></td><td colspan="2">设备型号</td><td colspan="2"></td></tr>
<tr><td>设备编号</td><td></td><td colspan="2">检定日期</td><td colspan="2"></td></tr>
<tr><td>熔焊方法</td><td></td><td colspan="2">规格/材质</td><td colspan="2"></td></tr>
<tr><td>设计等级</td><td></td><td colspan="2">检测数量</td><td colspan="2"></td></tr>
<tr><td>检测依据</td><td></td><td colspan="2">检测日期</td><td colspan="2"></td></tr>
<tr><td rowspan="13">磁粉检测条件</td><td>磁粉种类</td><td></td><td colspan="3" rowspan="13" align="center">磁粉记录（草图或照片）</td></tr>
<tr><td>磁化方法</td><td></td></tr>
<tr><td>磁化时间</td><td></td></tr>
<tr><td>磁场方向</td><td></td></tr>
<tr><td>磁场电流</td><td></td></tr>
<tr><td>磁极间距</td><td></td></tr>
<tr><td>磁悬液施加方法</td><td></td></tr>
<tr><td>磁悬液浓度</td><td></td></tr>
<tr><td>退磁情况</td><td></td></tr>
<tr><td>试片规格</td><td></td></tr>
<tr><td>灵敏度</td><td></td></tr>
<tr><td rowspan="15">磁痕评定</td><td colspan="2">构件类型</td><td>轴线</td><td>焊缝位置</td><td>缺陷性质、尺寸、数量、部位</td></tr>
<tr><td colspan="2"></td><td></td><td></td><td></td></tr>
<tr><td colspan="2"></td><td></td><td></td><td></td></tr>
<tr><td colspan="2"></td><td></td><td></td><td></td></tr>
<tr><td colspan="2"></td><td></td><td></td><td></td></tr>
<tr><td colspan="2"></td><td></td><td></td><td></td></tr>
<tr><td colspan="2"></td><td></td><td></td><td></td></tr>
<tr><td colspan="2"></td><td></td><td></td><td></td></tr>
<tr><td colspan="2"></td><td></td><td></td><td></td></tr>
<tr><td colspan="2"></td><td></td><td></td><td></td></tr>
<tr><td colspan="2"></td><td></td><td></td><td></td></tr>
<tr><td colspan="2"></td><td></td><td></td><td></td></tr>
<tr><td colspan="2"></td><td></td><td></td><td></td></tr>
<tr><td colspan="2"></td><td></td><td></td><td></td></tr>
<tr><td>返修情况</td><td></td><td colspan="4"></td></tr>
<tr><td>检验员</td><td colspan="2">MT＿级</td><td>审核人</td><td colspan="2">MT＿级</td></tr>
</table>

附录 B　渗透检测记录

钢结构渗透检测记录 表 B

工程名称			委托单位	
渗透温度			规格/材质	
熔焊方法			表面状态	
设计等级			检测数量	
检测依据			检测日期	
渗透检测条件	渗透剂型号		渗透记录（草图或照片）	
	清洗剂型号			
	显像剂型号			
	渗透时间			
	显像时间			
	观察时间			
	试块规格			
痕迹评定	构件类型	轴线	焊缝位置	缺陷性质、尺寸、数量、部位
返修情况				
检验员	PT _ 级		审核人	PT _ 级

附录 C　T形接头、角接接头的超声波检测

C.0.1　T形接头的超声波检测，探伤面和探头的选择应符合下列要求：

1. 采用K1探头在腹板一侧作直射法和一次反射法探测焊缝及腹板侧热影响区的裂纹，如图C.0.1-1所示。

2. 为探测腹板及翼板间未焊透或翼板侧焊缝下层状撕裂等缺陷，可采用直探头或斜探头在翼板外侧探测，也可在翼板内侧用K1探头作一次反射法探测，如图C.0.1-2所示。

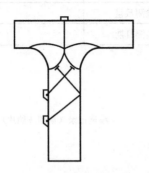
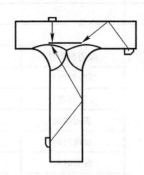

图 C.0.1-1　探测腹板与翼板间或　　　　图 C.0.1-2　探测焊缝与腹板
　　　　翼板侧焊缝下层状撕裂　　　　　　　　　　侧热影响区的裂纹

3. T形接头检测应根据腹板厚度选择探头角度，探头选择应符合表C.0.1的规定。

不同腹板厚度选用的探头角度　　　　　　　　　　　　表 C.0.1

腹板厚度（mm）	探头折射角（K值）
<25	70°(K2.5)
25~50	60°(K2.5 或 K2.0)
>50	45°(K1 或 K1.5)

C.0.2　角接接头的超声波检测，探伤面和探头的选择应符合图C0.2和表C.0.1的要求。

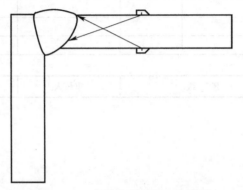

图 C.0.2　角接接头的超声波检测

附录 D 超声波检测记录

钢结构超声波检测记录　　　　　　　　　　　　　　表 D

工程名称		委托单位	
检测设备		设备型号	
设备编号		检定日期	
材质		厚度	
焊缝种类	对接平缝○　　对接环缝○	角接纵缝○　　T形焊缝○	管接口缝○
焊接方法		探伤面状态	修整○　扎制○　机加○
探伤时机	焊后○　　热处理后○	耦合剂	机油○　甘油○　浆糊○
探伤方式	垂直○　斜角○	单探头○　双探头○	串列探头○
扫描调节	深度○　水平○　声程○	比例	试块
探头尺寸		探头K值	探头频率
探伤灵敏度		表面补偿	
设计等级		检测数量	
评定等级		检测日期	
检测依据			

探伤结果及返修情况	构件类型	轴线	焊缝位置	探伤长度	显示情况	备注

检验员	U＿＿＿＿级	审核人	UT＿＿＿＿级

参 考 文 献

[1] 《房屋质量检测规程》DG/TJ 08—79—2008.

[2] 《既有建筑物结构检测与评定标准》DG/TJ 08—19804—2005.

[3] 《钢结构检测与鉴定技术规程》DG/TJ 08—2011—2007.

[4] 《建筑变形测量规程》JGJ 8—2016.

[5] 《黑色金属硬度及强度换算值》GB/T 1172—1999.

[6] 《钢结构设计规范》GB 50017—2003.

[7] 《钢结构工程施工质量验收规范》GB 50205—2001.

[8] 《焊缝无损检测　超声检测　技术、检测等级和评定》GB/T 11345—2013.

[9] 《钢结构超声波探伤及质量分级法》JG/T 203—2007.

[10] 《建筑工程施工质量验收统一标准》GB 50300—2013.

[11] 《厚度方向性能钢板》GB 5313—2010.

[12] 《低合金高强度结构钢》GB/T 1591—2008.

[13] 《建筑结构用钢板》GB/T 19879—2005.

[14] 《高强度结构用调制钢板》GB/T 16270—2009.

[15] 《热轧钢板和钢带的尺寸、外形、重量及允许偏差》GB/T 709—2006.

[16] 《热轧钢板表面质量的一般要求》GB/T 14977—2008.

[17] 《钢及钢产品　交货一般技术要求》GB/T 17505—2016.

[18] 《厚板超声波检测方法》GB/T 2970—2016.

[19] 《钢及钢产品　力学性能试验取样位置及试样制备》GB/T 2975—1998.

[20] 《热强钢焊条》GB/T 5118—2012.

[21] 《气体保护电弧焊用碳钢、低合金钢焊丝》GB/T 8110—2008.

[22] 《埋弧焊用低合金钢焊丝和焊剂》GB/T 12470—2003.